알기 쉬운

항공역학

머리말

"현재 우리 항공기는 아시즈리 곶 상공 33,000피트, 약 10,000 m를 마하 0.83, 음속의 83% 속도로 순조롭게 비행하고 있습니다."

이런 기내 방송을 흔히 들을 수 있다.

'마하 0.83은 얼마나 빠른 속도일까?'

'얼마나 큰 힘이 있어야 마하 0.83의 비행을 할 수 있을까?'

'왜 비행속도를 소리의 속도와 비교할까?'

'공기저항이 얼마나 될까?'

'애초에 어떻게 하늘을 날 수 있을까?'

이 책은 이러한 소박한 의문에 대해 직감적 · 감각적으로 이해할 수 있도록,

- 그림만으로도 이해할 수 있도록 하기
- 공식뿐 아니라 실제 수치로도 계산하기

에 주안점을 두어 이야기를 진행한다.

예를 들어, 무게 W의 항공기가 상승하기 위해 기수를 올리는 각도 γ를 취할 때 필요한 힘을 구하는 식은,

$$(\text{항공기 무게의 성분력}) = W \sin\gamma$$

가 된다. 이 식에 W = 300톤, γ=5°를 넣으면

$$(\text{항공기 무게의 성분력}) = 300 \times \sin 5^\circ \fallingdotseq 26\text{톤}$$

이 된다. 상승할 때는 수평 비행을 할 때보다 26톤이나 큰 힘이 필요하

다는 것을 알 수 있다. 이처럼 실제로 계산해보고 싶어 하는 분들을 위해, 각 칼럼에 대기 상태의 변화를 확인하거나 속도를 환산할 수 있도록 표계산 소프트웨이용 식을 마련했다.

제1장에서는 항공역학을 개략적으로 설명한다. 항공공학은 하늘을 나는 것에 관한 기초적인 과학지식을 응용해서 항공기를 생산하기 위한 방법을 연구하는 학문이다. 그리고 항공역학은 항공공학 중에서 가장 기초적인 사항을 연구하는 학문이다. 일단은 어떤 내용인지 간단히 확인해보자.

제2장의 주인공은 공기다. 항공기는 공기가 지닌 잠재적인 힘을 이용해서 하늘을 난다. 그 공기의 힘이 높이 올라갈수록 어떻게 변화하는지, 비행속도나 마하수는 어떻게 잴 수 있는지 등을 설명한다.

제3장의 주제는 양력과 항력이다. 양력과 항력은 모두 항공기가 공기 중을 날아가면서 공기로부터 받는 힘이다. 날아가는 방향에 대해 수직으로 작용하는 힘이 양력이고, 날아가는 방향과 반대 방향으로 작용하는 힘이 항력이다. 여기에서는 항공기의 자세나 날아가는 방향이 바뀌면 양력과 항력의 방향과 크기가 어떻게 변화하는지 설명한다.

제4장에서는 주날개, 꼬리날개, 각 타의 역할 등을 설명한다. 양력을 생성하는 것 외에도 중요한 역할을 하는 주날개, 안정판이라고도 불리는 수평꼬리날개와 수직꼬리날개, 그리고 고양력 장치까지 다룬다.

제5장은 항공용 엔진에 관한 이야기다. 라이트형제의 피스톤 엔진부터 오늘날의 제트 엔진까지 여러 가지 엔진의 특징을 설명한다. 또

한 프로펠러가 힘을 발휘할 수 있는 구조와 그 특징 등에 관해서도 간단히 설명한다.

제6장에서는 항공기의 성능에 관해 설명한다. 이륙할 때부터 착륙할 때까지 항공기에 요구되는 성능에 관해 실제 항공기를 예로 들어 구체적으로 설명한다.

이 책은 항공역학 입문서이지만 방대한 항공역학의 세계를 살짝 들여다보는 깊이에 지나지 않는다. 이 책을 읽고 항공역학에 관심을 가져준다면 더 바랄 나위가 없다.

2015년 7월

나카무라 간지

차례

제 1 장

항공역학이란?

항공공학은 하늘을 나는 것에 관한 기초적인 이치를 응용해서 항공기를 생산하기 위한 방법을 연구하는 학문이다. 항공공학 중에서 항공역학은 가장 기초적인 분야이다.

항공역학이란 무엇인가?

하늘을 날기 위한 기초적인 분야

항공기를 안전하게 띄우기 위해서는 어떤 지식이 필요한지 알아보자.

항공기는 공기를 이용해서 하늘을 날기 때문에 공기가 얼마나 큰 힘을 지니는지, 공기가 고도에 따라 어떻게 변화하는지 등 공기의 성질을 우선 이해해야 한다. 비행 중에 받는 공기 힘의 크기에 따라 날개나 항공기의 형상이 정해진다. 또한 항공기를 견고히 만들었다 하더라도, 추진하는 힘이 충분하지 않으면 떠오르는 것조차 불가능하다. 그러므로 추진력의 크기나 항공기의 형상을 토대로 항공기를 안전하게 띄우는 방법, 즉 비행제어와 비행성능 등도 알아야 한다.

이처럼 안전하게 날 수 있는 항공기를 만들기 위해서 항공기에 작용하는 공기의 힘, 항공기를 추진하는 장치, 날개 및 항공기의 형상과 그 재료, 비행을 제어하는 구조 등을 연구하는 학문이 항공공학이다. 항공공학 중에서 특히 항공기에 작용하는 공기의 힘이나 넓은 하늘을 자유롭게 날기 위해 필요한 힘의 균형 등 가장 기초적인 사항을 연구하는 부문이 항공역학(역자주: 비행역학(aerodynamics)이라고도 한다)이다. 항공역학의 구체적인 내용은 아래와 같다.

- 대기의 성질
- 비행 중 힘의 균형
- 추진 장치의 성능
- 항공기의 형상
- 안정성과 조종성
- 비행성능

항공기에 관한 연구 분야의 예

- 항공공학
  - 항공역학
    - 유체역학
    - 양력 · 항력
    - 날개꼴이론
    - 추진 장치의 특성
    - 안정성 · 조종성
    - 비행성능
    - 기타
  - 항공기 구조 · 재료
    - 주날개 · 동체 · 꼬리날개
    - 조종날개면
    - 재료
    - 구조 종류
    - 기타
  - 항공기 시스템
    - 공조 · 여압 시스템
    - 자동조종 시스템
    - 비행제어 시스템
    - 항법 시스템
    - 유압 시스템
    - 기타
  - 항공기엔진
    - 가스터빈 엔진
    - 피스톤 엔진
    - 프로펠러
    - 기타
  - 항공계기
    - 전자식 복합계기
    - 항법계기
    - 자세지시기
    - 엔진계기
    - 기타
  - 기타(항공 정비 등 다방면에 걸쳐 있음)

대기

공기와 대기

항공기는 대기(atmosphere) 속을 날아다니는 비행체이다. 따라서 항공기에 관한 연구를 할 때에는 공기에 대해 이해할 필요가 있다.

공기(air)는 무색투명한 기체이며 질소 78%, 산소 21%, 그 외에 아르곤, 이산화탄소, 수소, 헬륨 등으로 조성된다. 이런 공기의 조성 비율은 약 100 km의 높이까지 거의 일정하다. 대기란 지구 같은 천체의 표층을 덮고 있는 기체 전체를 가리킨다. 예를 들어, 화성의 대기는 대부분 이산화탄소(약 95%)로 구성되어 있다. 그리고 지구의 위성인 달에는 대기가 거의 없어 진공 상태에 가깝기 때문에 공기의 힘을 이용하는 항공기가 날 수 없다.

그런데 공기는 어떻게 지구를 덮고 있을까? 이는 지구의 중력과 공기의 온도 때문이다. 만약 지구의 중력이 지금보다 조금 더 약하거나 공기의 온도가 조금 더 높다면, 공기는 지금보다 희박하거나 우주로 날아갈지도 모른다.

그런데 공기가 무색투명한데도 올려다본 하늘이 파란 이유는 무엇일까? 비가 갠 뒤 하늘에 나타나는 무지개를 보면 알 수 있듯이 무색으로 보이는 햇빛에는 빨강, 주황, 노랑, 초록, 파랑, 남색, 보라와 같은 7가지 색이 숨어 있다. 이 햇빛이 공기와 부딪혀서 주파수가 짧은 파랑을 산란시키기 때문이다. 우리는 하늘에 흩어진 파란빛을 느끼고 있는 셈이다. 반면 해 질 무렵이 되면 빛은 낮보다 두꺼운 공기층을 통과하므로 먼 곳까지 나아가는 성질을 지닌, 주파수가 긴 빨강이 두드러져서 저녁노을이 붉게 물든다.

공기란 무엇인가?

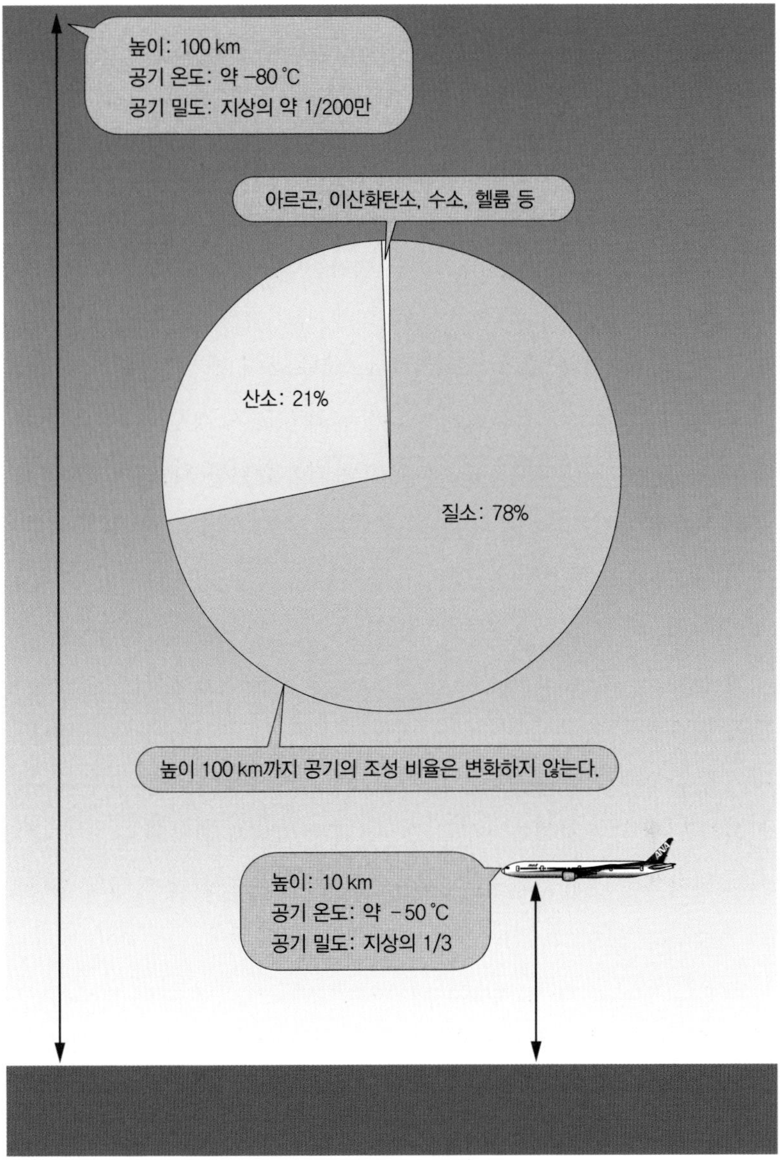

높이: 100 km
공기 온도: 약 −80 ˚C
공기 밀도: 지상의 약 1/200만
아르곤, 이산화탄소, 수소, 헬륨 등
산소: 21%
질소: 78%
높이 100 km까지 공기의 조성 비율은 변화하지 않는다.
높이: 10 km
공기 온도: 약 −50 ˚C
공기 밀도: 지상의 1/3

하늘을 나는 힘

하늘을 날 때 작용하는 4가지 힘

나무에 열리는 사과와 마찬가지로, 공중에 떠 있는 항공기에도 늘 중력(gravity)이 작용한다. 이는 지구와 항공기 사이의 문제일 뿐, 공기와는 전혀 관계없다. 지상에서나 공중에서 무게 300톤의 항공기에는 아래쪽 방향으로 300톤의 힘이 작용한다고 생각할 수 있다.

이는 항공기를 공중으로 띄우기 위해서는 위쪽 방향으로 작용하는 힘의 크기 역시 동일한 300톤이 필요하다는 뜻이다. 이처럼 항공기를 공중으로 띄우고 그 상태를 유지하기 위해 날개가 생성하는 힘을 양력(lift)이라고 한다. 그런데 날개가 300톤의 양력을 생성하려면 항공기는 초속 100 m 이상의 속도로 날아가야 한다. 초속 100 m는 최대급 태풍마저 압도하는 풍속이다. 그래서 300톤이나 되는 힘을 발휘할 수 있는 것이다.

날개에 초속 100 m 이상의 공기 흐름을 만들기 위해서는 일단 항공기가 앞으로 나아가야 한다. 그 역할을 하는 것이 진행 방향과 반대로 공기를 힘차게 내보냄으로써 앞으로 나아가게 하는 힘, 즉 추력(thrust)을 발휘하는 제트 엔진이다. 이는 풍선이 주둥이에서 힘차게 공기를 내뿜어서 날아가는 것과 똑같은 원리다. 가만히 있던 공기가 거세게 후방으로 분출되는 반동으로 힘을 얻는다고 보면 된다.

이처럼 공중을 빠른 속도로 이동하면 공기의 저항을 받게 된다. 이 공기의 저항력을 항력(drag)이라고 하며, 항력의 크기 역시 무시할 수 없다. 그러므로 항공기는 항력을 최대한 줄여야 한다. 중력, 양력, 추력, 항력 등 4가지 힘의 관계는 다음 페이지의 그림과 같다.

하늘을 날 때 작용하는 4가지 힘

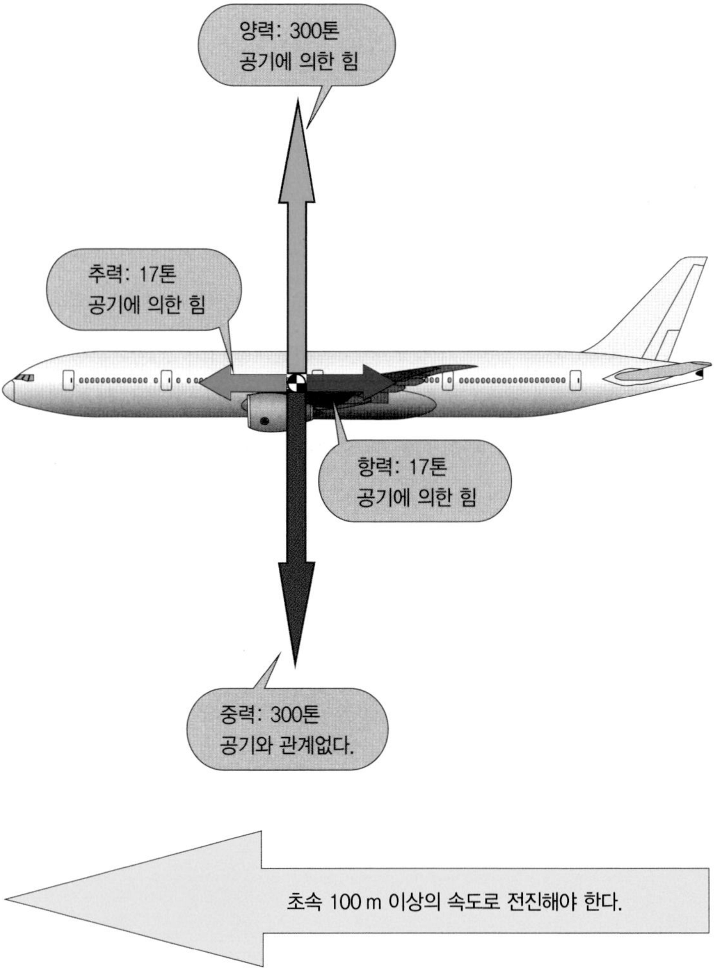

항공기의 형상

날개와 타

이제는 항공기의 형상과 항공기를 3차원으로 제어하는 각 타의 역할을 간단히 알아보자.

19세기에 동체, 주날개, 수평꼬리날개, 수직꼬리날개로 이루어진 항공기의 형상이 정해졌다. 그리고 항공기를 조종하는 구조는 20세기 초반에 세계 최초로 동력 비행에 성공한 라이트형제의 휨날개(warping wing) 방식에서 시작해, 주날개, 수직꼬리날개, 수평꼬리날개 등 각 날개에 부착된 조종날개면(동익動翼 또는 타면舵面이라고도 한다) 방식으로 발전을 거듭했다.

주날개는 양력을 생성할 뿐만 아니라, 조종사의 의지에 반해 기체가 좌우로 기울어지는 경우에 자연스럽게 수평 자세로 되돌리는 안정성을 높이는 역할도 한다. 수평꼬리날개와 수직꼬리날개로 수평 · 수직으로 균형을 잡는다.

주날개에 있는 보조날개(aileron)는 항공기를 선회하도록 하는 역할을 한다. 예를 들어, 왼쪽 보조날개가 내려가면 그에 연동해서 오른쪽 보조날개가 반대로 올라가서 기체가 오른쪽으로 기울어지면서 우선회하게 된다. 방향타(rudder)는 기수를 좌우로 돌리는 역할, 승강타(elevator)는 기수를 위아래로 움직이는 역할을 한다.

대형기의 주날개에 부착된 스포일러(spoiler)는 양력이나 항공기 속도를 줄이는 역할을 한다. 플랩(flap)은 이착륙할 때와 같이 속도가 느린 경우에도 양력을 유지시키는 장치로, 고양력 장치라고도 부른다. 또한 주날개의 전연(前緣, 앞쪽 가장자리)에 있는 슬랫(slat)은 플랩과 연동해 날개 앞으로 튀어나와 날개 윗면에 공기 흐름을 유도하는 역할을 한다.

항공기의 형상

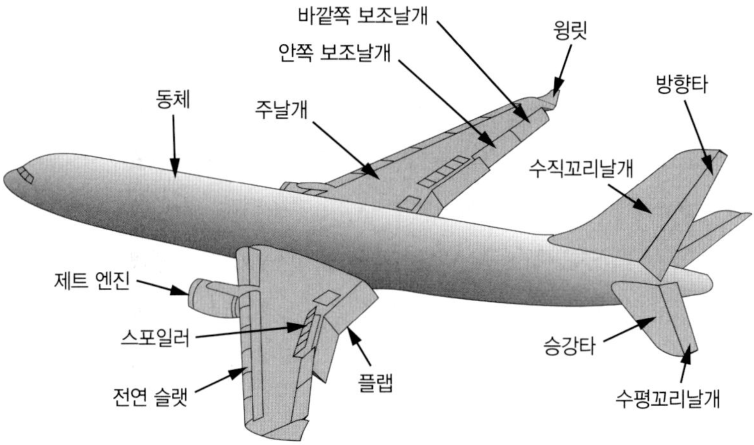

대형 제트 여객기

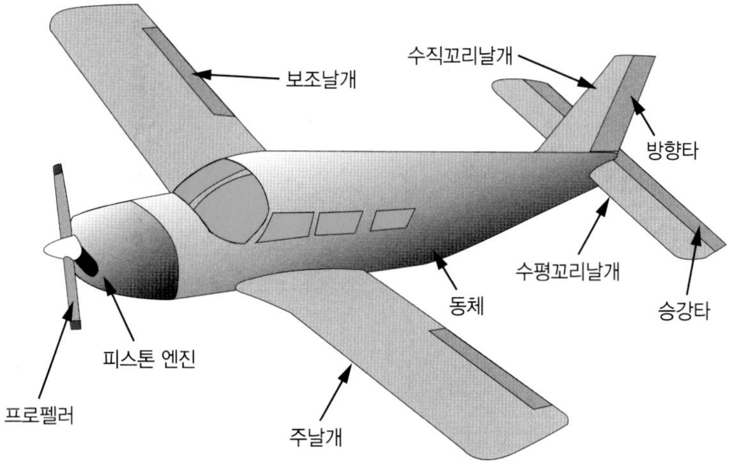

소형 프로펠러기

항공기의 엔진

항공기를 추진하는 방법

이번에는 항공기의 엔진은 어떤 것들이 있는지 알아보자.

우선 프로펠러를 돌려서 추진력을 얻는 피스톤 엔진은 왕복운동을 회전운동으로 바꾸는 장치여서 복잡하고 무겁다. 또한 고도가 높아지면 출력이 급격히 저하한다는 단점이 있어서 오늘날 대형항공기에서는 거의 채택하지 않는다. 하지만 낮은 고도에서는 효율이 좋기 때문에 소형기에서는 널리 사용하고 있다.

가스터빈으로 프로펠러를 회전시키는 터보프롭 엔진은 높은 고도에서 출력이 저하한다는 왕복엔진의 단점을 보완한다. 이 엔진은 작고 가벼우며 큰 출력을 얻을 수 있을 뿐 아니라 다루기도 쉽다. 프로펠러는 비행속도가 빨라지면 프로펠러 효율(propeller efficiency)이 나빠지는 단점이 있는데, 터보프롭은 연비가 좋은 데다 짧은 활주로에서 이착륙할 수 있다는 장점으로 그 단점을 보완할 수 있으므로 많은 중형 항공기가 가스터빈(gas turbine) 엔진을 사용한다.

영국 공군의 휘틀 중령이 분출 가스만으로 추력을 얻는 제트 엔진을 연구했다. 터보제트는 속도가 빠를수록 효율이 좋아지는 성질이 있으므로 초음속 비행에 적당하지만, 소음이 크고 연비가 나쁘다는 결점이 있다.

그래서 비교적 조용하고 연비가 좋게 개량한 것이 팬을 덧붙인 터보팬 엔진이다. 터어빈 엔진의 앞쪽 또는 뒷쪽에 큰 팬(fan)을 달아, 중심의 코어 엔진(core engine)보다 팬으로 얻은 출력으로 항공기를 추진하는 방식의 엔진이다. 터보팬은 현재 제트 엔진의 주류가 되었다.

앞으로 나아가는 힘

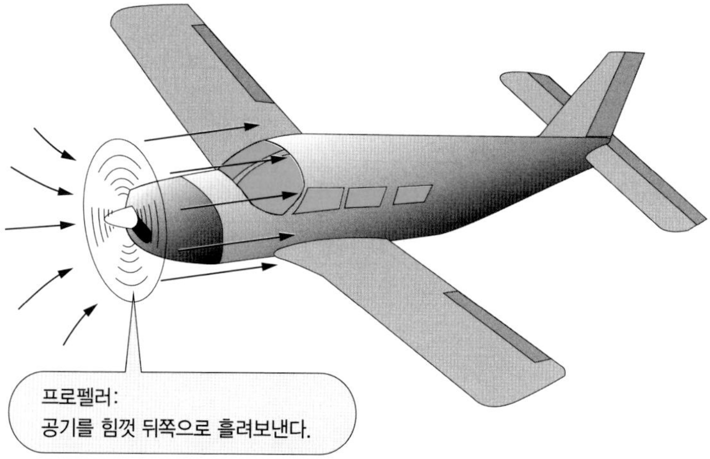

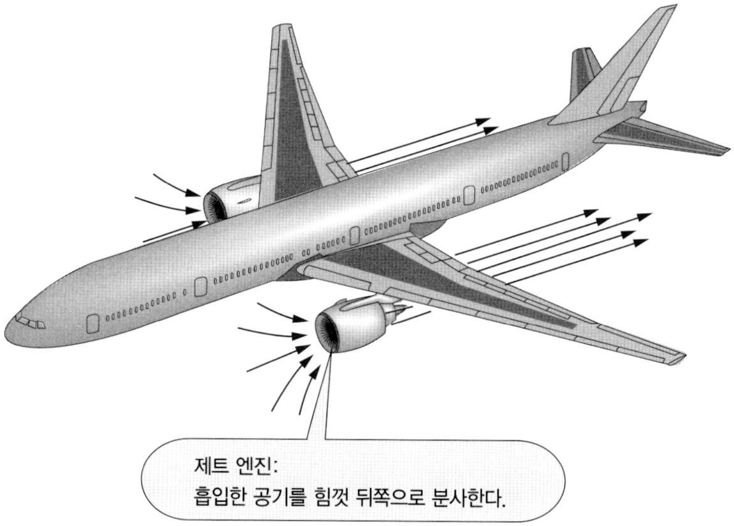

항공기의 3방향 운동

하늘을 나는 3가지 운동 방향

하늘을 나는 데는 양력, 중력, 추력, 항력 등 4가지 힘의 관계가 중요하다. 이 외에 3차원의 세 방향으로 자세를 바꾸는 움직임에 관해서도 생각해야 한다.

무게중심을 축으로 하는 회전운동은 하늘을 나는 비행체에 작용하는데 기본적인 운동이다. '운동(일본식 표현은 '동요'이다)'이라고 해서 항공기가 덜컹덜컹 흔들린다는 뜻은 아니다. 3차원 각 방향에 대한 운동을 정리해보면 다음과 같다.

날개가 좌우로 회전하는 운동: 횡운동(롤링rolling)

기수가 좌우로 회전하는 운동: 편운동(요잉yawing)

기수가 상하로 회전하는 운동: 종운동(피칭pitching)

특정 방향으로 회전시키려는 능률 또는 회전을 일으키는 능력을 모멘트(moment)라고 하는데, 각 방향에 대한 모멘트를 횡운동 모멘트, 편운동 모멘트, 종운동 모멘트라고 부른다. 예를 들어, '조종간을 오른쪽으로 돌리면 왼쪽 보조날개가 내려가고 오른쪽 보조날개가 올라가므로, 오른쪽 방향으로 횡운동 모멘트가 발생해서 오른쪽으로 기울어진다(banking).', '조종간을 당기면 승강타가 올라가므로, 위쪽 방향으로 종운동 모멘트가 발생해서 기수가 올라간다.', '왼쪽 방향타 페달을 밟으면 방향타가 왼쪽으로 움직이므로, 왼쪽 방향으로 편운동 모멘트가 발생해서 기수가 왼쪽으로 향한다.' 등으로 표현한다.

종이비행기는 약간만 비뚤게 접어도 균형이 안 잡혀 똑바로 날아가지 않는다. 이와 마찬가지로 실제 항공기도 각 타의 면을 살짝 움직이기만 하면 균형이 무너져서 자세나 방향이 크게 달라진다.

항공기의 3가지 운동

횡운동(롤링)

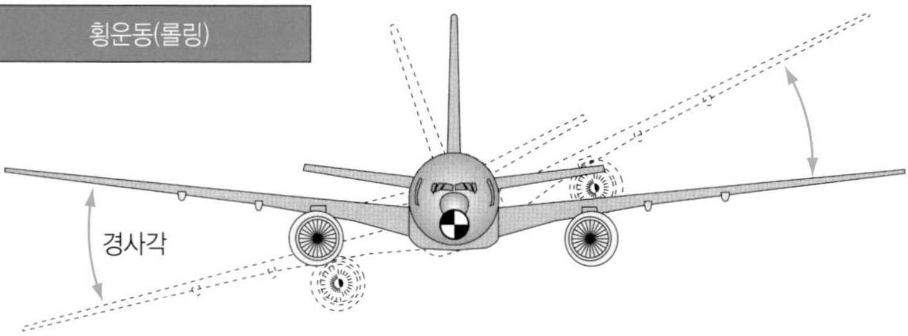

편운동(요잉)

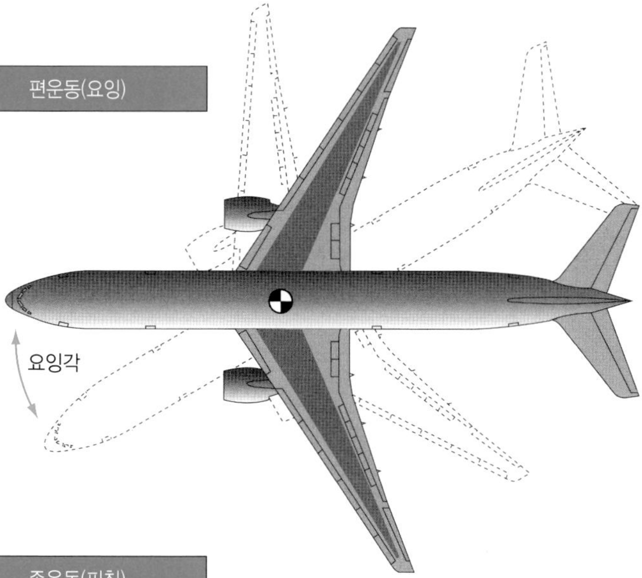

종운동(피칭)

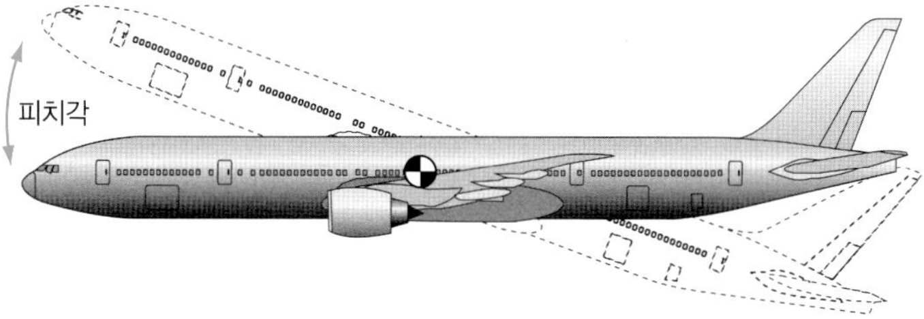

COLUMN 1

표준대기의 계산식

표준대기 상태(40쪽)를 표계산 소프트웨어로 계산할 수 있도록 식을 만들어보았다 (외기 온도: t, 온도비: θ, 압력비: δ, 밀도비: σ).

(1) 미터(m) 단위

- 권계면 11,000 m 이하의 고도

  이곳에 구체적인 고도(m)를 넣는다.

  θ = (288.15 – 0.0065*[m])/288.15 = 1 – 0.000022557*[m]

  δ = (1 – 0.000022557*[m]) ^5.25588

  σ = (1 – 0.000022557*[m]) ^4.25588

- 성층권 내 11,000 m 이상의 고도

  θ = (288.15 – 71.5) /288.15 = 0.7518653

  δ = 0.22336*EXP((11000 – [m]) /6341.6)

  σ = 0.29707*EXP((11000 – [m]) /6341.6)

(2) 피트(ft) 단위

- 권계면 36,089.24 ft 이하의 고도

  이곳에 구체적인 고도(ft)를 넣는다.

  θ = (288.15 – 0.0019812*[ft])/288.15 = 1 – 0.0000068756*[ft]

  δ = (1 – 0.0000068756*[ft]) ^5.25588

  σ = (1 – 0.0000068756*[ft]) ^4.25588

- 성층권 내 36,089.24 ft 이상의 고도

  θ = (288.15–71.5) /288.15 = 0.7518653

  δ = 0.22336*EXP((36089.24 – [ft]) /20805.825)

  σ = 0.29708*EXP((36089.24 – [ft]) /20805.825)

(3) 음속 a

- 단위: km/h

  a = 1225*SQRT(θ) = 72.17*SQRT(273.15 + t)

- 단위: 노트(Knots)

  a = 661.4786*SQRT(θ) = 38.97*SQRT(273.15 + t)

제 2 장

공기역학

공기(대기)의 상태는 항공기에 큰 영향을 끼친다. 따라서 일단 공기의 성질을 이해하는 것이 중요하다. 이번 장에서는 공기의 온도, 밀도, 기압이 고도에 따라 어떻게 변하는지, 또한 항공기의 속도와 어떤 관련이 있는지 알아본다.

대기의 구분

온도, 밀도, 기압

대기의 상태(온도, 밀도, 기압)는 항공기에 커다란 영향을 끼친다. 예를 들어, 항공기를 띄우는 양력의 크기는 대기의 밀도에 비례하므로 항공기가 상승함에 따라 양력은 작아진다. 제트 엔진의 성능도 대기의 밀도나 온도의 변화에 크게 좌우된다. 그러므로 대기의 상태가 비행고도에 따라 어떻게 변화하는지 알 필요가 있다.

태양에서 전해져오는 에너지가 지표를 데우면, 지표에 접해 있는 대기가 따뜻해져서 상승기류가 발생한다. 대기는 상승할수록 팽창하면서 온도, 밀도, 기압이 저하하는 성질을 지녔다. 이에 따라 19세기 후반까지는 대기가 상승할수록 대기의 온도, 밀도, 기압도 한없이 저하한다고 여겼다. 그러나 20세기 들어 기구를 이용해서 관측한 결과, 어느 정도의 높이까지 올라가면 대기의 온도가 일정하게 유지된다는 사실이 밝혀졌다. 그 온도 변화의 경계면을 권계면이라고 한다. 그리고 지표부터 권계면까지는 온도 변화에 따라 대기가 대류하므로 대류권이라고 한다. 구름이 생겨나고 비가 내리는 등의 기상 현상은 대류권 내에서만 발생한다. 권계면 이상은 성층권이라고 하는데, 성층권은 온도가 일정하므로 기류도 비교적 안정적이다.

그런데 성층권에서 2,000 m까지는 온도가 일정하게 유지되나 그 이상의 높이에서는 오존층이 자외선을 흡수하기 때문에 온도가 높아진다. 하지만 민간용 항공기들은 높이 20,000 m까지 상승하지 않으므로, 이 책에서는 성층권의 기온이 일정하게 유지되는 것으로 간주하고 설명하겠다. 한편 성층권의 높이는 약 50,000 m까지이며, 그 위쪽인 50,000~85,000 m를 중간권, 85,000 m 이상을 열권이라고 한다.

대기의 구분

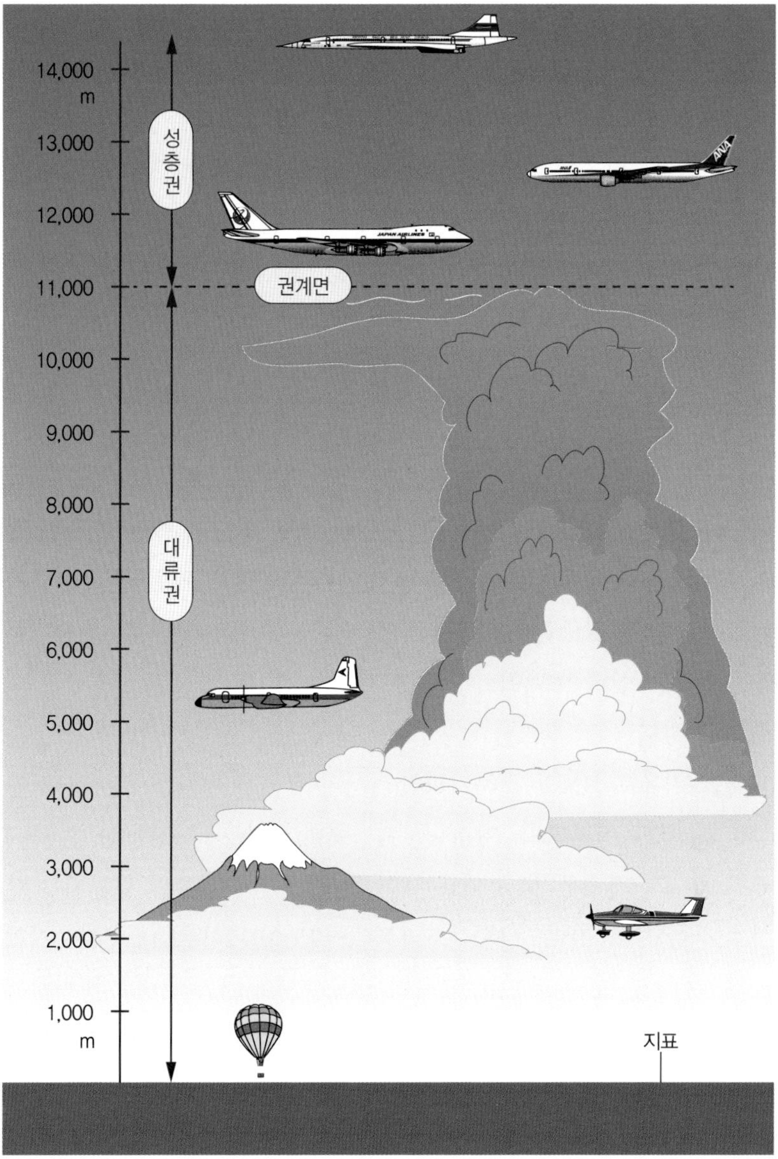
14,000 m
13,000
12,000
11,000
10,000
9,000
8,000
7,000
6,000
5,000
4,000
3,000
2,000
1,000 m
성층권
권계면
대류권
지표

표준대기

국제표준대기(ISA)란?

새 항공기를 제작하면 시험비행으로 성능 데이터를 수집하고 분석해야 한다. 그러나 그 데이터는 어디까지나 시험비행을 실시했을 때의 대기 상태에서 얻은 결과일 뿐이다. 대기 상태는 동일한 장소에서도 시시각각 변화한다. 따라서 다른 날 혹은 다른 장소에서 비행할 때는 그 성능 데이터를 참조하지 못할 수도 있다.

그래서 일단 시험비행으로 얻은 성능 데이터를 표준대기 상태에서의 데이터로 변환하는 작업이 필요하다. 그러면 표준대기 상태에서의 데이터를 바탕으로 표준에서 벗어난 대기 상태에서의 데이터를 산출해 매뉴얼에 반영할 수 있다. 이 방법을 통해 실제로 비행할 때의 대기 상태가 표준대기 상태와 얼마나 차이가 나는지만 확인하면, 시험비행의 데이터를 참조할 수 있다. 또한 서로 다른 기종끼리도 표준대기를 바탕으로 산출한 데이터를 활용하면 항공기의 성능을 공정하게 비교할 수 있다.

이런 이유로 UN의 전문기관인 국제민간항공기구(ICAO, International Civil Aviation Organization)에서 국제표준대기(ISA, International Standard Atmosphere)를 설정했다. 국제표준대기는 북반구 중위도의 평균치를 모델로 삼아, 표고 0 m일 때 온도 15 ℃, 밀도 0.12492 $kg \cdot s^2/m^4$, 기압 10332.3 kg/m^2로 규정하고, 각각의 값이 고도에 따라 어떻게 변화하는지 보여준다. ICAO는 국제민간항공조약을 토대로 1947년에 발족했으며, (역자주: 한국은 1952년에 가입했다)일본은 1953년에 가입했다.

고도에 따른 공기의 온도, 밀도, 기압의 변화는 실제 계측한 값이 아니라, 이론을 토대로 계산한 값이다(COLUMN-01의 계산식 참조).

국제표준대기(ISA)

항공계에서 사용되는 단위계는 국제적으로 통일되어 있지 않다. 이 책에서는 일본 항공계에서 설계 기준(내공성 기준)으로 사용되는 공학 단위를 사용한다.

고도(m)	온도(℃)	밀도(kg·s²/m⁴)	밀도비	기압(kg/m²)	기압비
0	15.0	0.12492	1.0000	10332.3	1.0000
1000	8.5	0.11336	0.9075	9164.7	0.8870
2000	2.0	0.10264	0.8216	8106.3	0.7846
3000	−4.5	0.09271	0.7421	7149.1	0.6919
4000	−11.0	0.08353	0.6687	6285.5	0.6083
5000	−17.5	0.07507	0.6009	5508.5	0.5331
6000	−24.0	0.06727	0.5385	4811.1	0.4656
7000	−30.5	0.06011	0.4812	4187.0	0.4052
8000	−37.0	0.05355	0.4287	3630.1	0.3513
9000	−43.5	0.04756	0.3807	3134.8	0.3034
10000	−50.0	0.04209	0.3369	2695.7	0.2609
11000	−56.5	0.03711	0.2971	2307.8	0.2234
12000	−56.5	0.03170	0.2537	1971.1	0.1908
13000	−56.5	0.02707	0.2167	1683.6	0.1629
14000	−56.5	0.02312	0.1851	1438.0	0.1392
15000	−56.5	0.01975	0.1581	1228.2	0.1189

ft·lbs(피트 – 파운드) 단위로 나타낸 값

1기압 = 29.92126 inHg = 2116.2167 lbs/ft²

15℃에서의 공기 밀도 = 0.002378 slug/ft³

*slug = lbs/(ft/s²)

대기온도

온도와 고도

항공계에서 일반적으로 사용되는 온도 단위는 상대온도인 섭씨(℃)와 화씨(℉), 그리고 절대온도인 켈빈(K, '°'는 붙이지 않음) 등 3종류다.

화씨는 물의 어는점을 32도, 끓는점을 212도로 삼고 그 사이를 180등분한 온도다. 섭씨는 어는점을 0도, 끓는점을 100도로 삼고 그 사이를 100등분한 온도다. 이런 상대온도와 대비되는 절대온도 켈빈은 물 같은 특정 물질이 지닌 특성에 의존하지 않는 온도 단위로, 열역학적으로 가장 낮은 절대적 온도를 0 K로 삼는다. 따라서 절대온도에는 마이너스 단위가 없다.

절대온도는 기체 분자의 운동에너지 상태를 아는 데 꼭 필요한 온도다. 예를 들어, 소리는 기체 분자가 운동함으로써 전파되기 때문에 음속은 기체 분자에 운동에너지를 부여하는 절대온도에만 의존한다. 절대온도의 눈금 폭은 섭씨와 같으므로 다음과 같은 관계가 성립한다.

$$(\text{절대온도}) = (\text{섭씨}) + 273.15$$

따라서 0 K는 −273.15 ℃다.

또한 국제표준대기에서는 표고가 0 m일 때 온도가 15 ℃이고, 표고가 1,000 m씩 높아질 때마다 온도는 6.5 ℃씩 낮아진다고 정의한다. 예를 들어, 후지산 정상인 표고 3,776 m에서의 온도는 다음과 같다.

$$15 - 3776 \times 6.5/1000 \fallingdotseq -9.5\ ℃$$

또한 10,000 m에서의 온도는 다음과 같다.

$$15 - 10000 \times 6.5/1000 = -50\ ℃$$

11,000 m 이상의 성층권 내에 들어가면 일정한 온도로 유지된다.

$$15 - 11000 \times 6.5/1000 = -56.5\ ℃$$

3가지 온도 단위

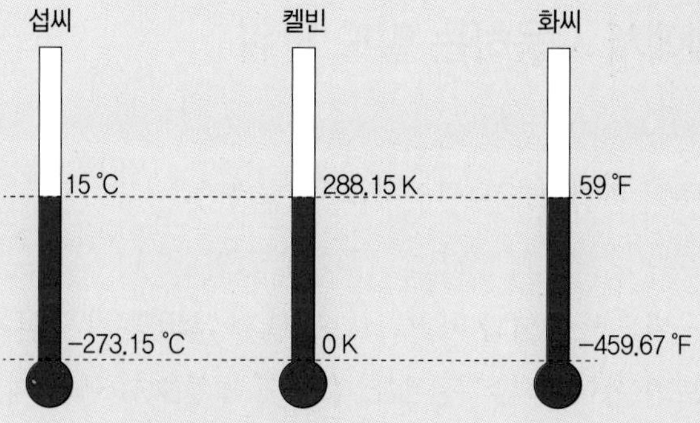

(절대온도 K) = (섭씨 ˚C) + 273.15

(섭씨 ˚C) = {(화씨 ˚F) − 32} × 5/9

(화씨 ˚F) = 32 + (섭씨 ˚C) × 9/5

온도와 고도

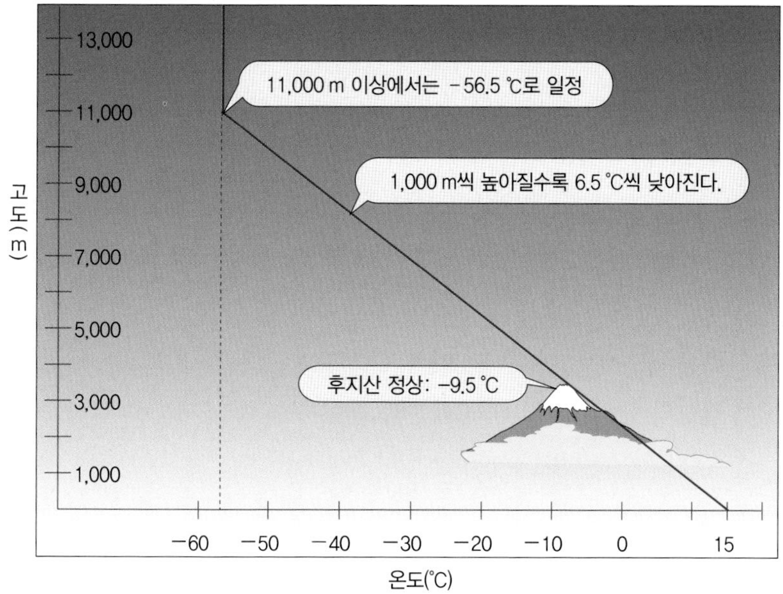

공기밀도

항공계에서 사용하는 밀도 단위

대기 중의 공기밀도는 단위 부피당 질량이다.

$$(\text{밀도}) = (\text{공기의 질량})/m^3$$

이는 인구밀도의 개념과 마찬가지로, 단위 부피당 기체 분자 수가 많을수록 밀도가 높아진다는 뜻이다. 중력의 영향으로 인해 지표에 가까워질수록 기체 분자가 많아지므로 밀도는 높아지고, 높이 올라갈수록 기체 분자가 적어지므로 밀도는 낮아진다. 예를 들어, 고도 10,000 m에서 대기의 밀도는 지상의 약 1/3이 된다.

그런데 항공계에서 사용하는 밀도 단위는 일반적으로 사용되는 kg/m^3이 아니다. 그 이유는 무게 300톤의 항공기를 띄우는 양력의 크기가 이와 동일한 300톤이라고 생각하는 편이 이해하기 쉬워서 항공계에서는 무게와 동일한 kg이나 톤을 힘의 단위로 사용하기 때문이다. 즉 '무게'는 곧 '힘'이라고 생각하기 때문에 다음과 같은 식이 성립한다.

$$(\text{무게}) = (\text{질량}) \times (\text{중력가속도}) \quad \text{단위: kg}$$

위의 식에서는 다음과 같은 식이 유도된다.

$$(\text{질량}) = (\text{무게})/(\text{중력가속도}) \quad \text{단위: } kg/(m/s^2)$$

항공계에서 질량은 기체가 얼마나 무거운지를 정하는 양, 어렵게 말하면 중력의 크기를 정하는 물체 고유의 역학적 기본량이기 때문에 질량의 단위는 $kg/(m/s^2)$가 된다. 따라서 밀도의 단위는 (밀도) = (질량)/m^3에 질량의 단위를 대입해서 다음과 같이 구할 수 있다.

$$(\text{밀도}) = \{kg/(m/s^2)\}/m^3 = kg \cdot s^2/m^4$$

또한 피트-파운드법에서는 질량 1bs/(ft/s^2)를 슬러그(slug)로 정의하므로, 밀도의 단위는 slug/ft^3이 된다.

밀도와 중력

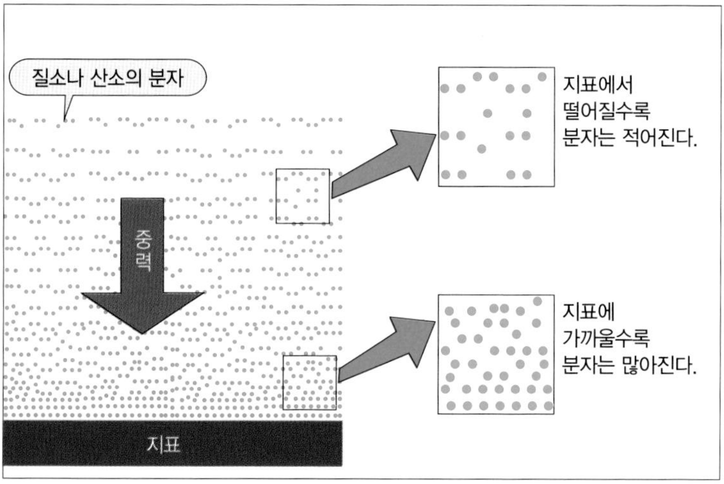
질소나 산소의 분자
중력
지표
지표에서
떨어질수록
분자는 적어진다.
지표에
가까울수록
분자는 많아진다.

밀도와 고도

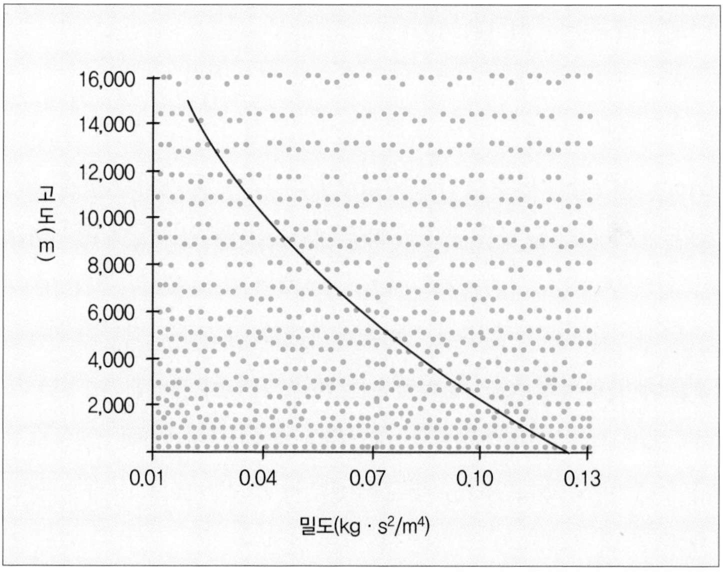
16,000
14,000
12,000
10,000
8,000
6,000
4,000
2,000
고도(m)
0.01
0.04
0.07
0.10
0.13
밀도(kg · s²/m⁴)

대기압

공기기둥의 무게

대기압은 단위 면적당 공기의 압력, 대략적으로 말하면 높이 1,000 km짜리 공기기둥의 밑넓이 1 m^2당 무게다. 단위로는 kg/m^2를 사용한다. 이것이 어느 정도의 무게인지 알아본다.

예전부터 '우물의 깊이가 10 m 이상이면 수동 펌프로는 물을 퍼 올릴 수 없다'고 했다. 그 이유는 양수관이 10 m 이상이면 우물의 수면을 누르는 공기의 압력으로는 양수관 속에 있는 물의 무게를 밀어낼 수 없기 때문이다. 다시 말해 높이 1,000 km의 공기기둥 압력으로 누를 수 있는 무게는 물기둥 10 m의 무게까지인 셈이다. 1 m × 1 m × 10 m의 물기둥 무게는 약 10톤이나 되므로, 1기압은 약 10톤/m^2임을 알 수 있다. 여담이지만, 바닷속에서 10 m 깊어질수록 1기압씩 늘어나는 이유는 깊이 10 m에서 바닷속의 무게가 1 m^2당 10톤이 되기 때문이다.

17세기의 이탈리아 물리학자 토리첼리(Torricelli)는 물보다 약 14배나 무거운 수은을 사용해서 1기압의 무게를 산출했다. 수은으로 채운 시험관을 수직으로 세운 경우, 수은은 시험관에서 모두 흘러나오지 않고 760 mm 높이에서 멈춘다. 1,000 km의 공기기둥 무게와 시험관 내 수은기둥 무게가 서로 균형을 맞추기 때문이다. 이것이 1기압의 값이 된다.

$$(\text{수은의 밀도: } 13.8632 \times 10^3) \times (\text{중력가속도: } 9.80665) \times 0.76$$
$$= 10332.3\ \text{kg/m}^2$$

덧붙여 시험관이 물로 채워져 있으면 물기둥의 높이는 10.3323 m가 된다. 그리고 표고 0 m에서는 수은기둥이 760 mm이지만, 후지산 정상에서는 대기압이 6.47톤/m^2로 낮아지므로 수은기둥은 479 mm까지 떨어진다.

공기기둥의 무게

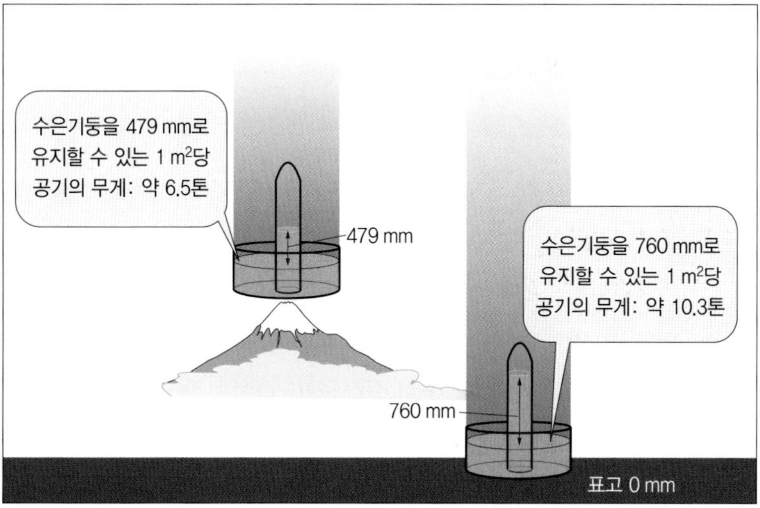

대기압과 고도

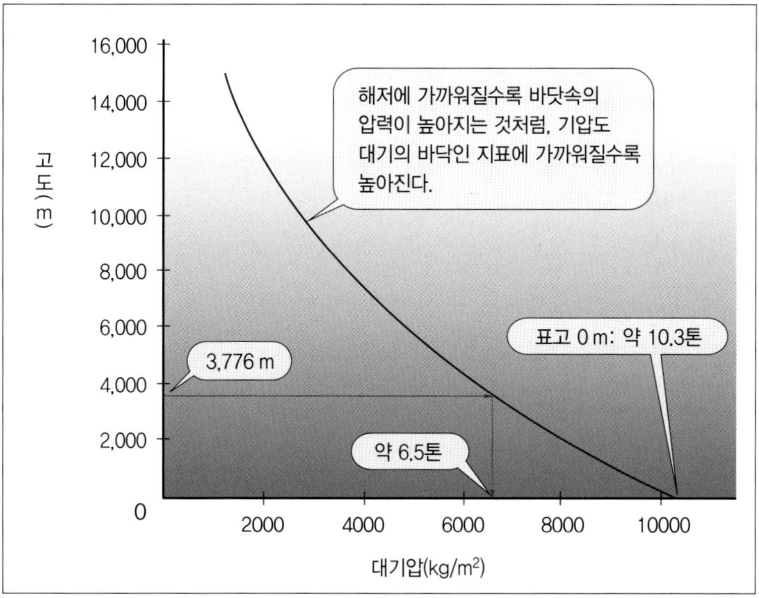

동압이란?

공기가 흐를 때 생겨나는 압력

공기의 힘을 활용한 일상용품은, 타일에 붙이는 빨판이나 식료품을 보존하는 진공 팩 등을 들 수 있다. 빨판의 표면적이 30 cm^2라면 대기압이 약 1 kg/cm^2이므로 빨판 전체에는 약 30 kg의 공기 압력이 작용한다고 할 수 있다. 이 힘 덕분에 30 kg보다 가벼운 물건을 걸면 빨판이 떨어지지 않는다. 또한 가로 20 cm, 세로 10 cm의 진공 팩은 포장 안의 공기를 완전히 빼면 약 200 kg이나 되는 힘이 포장에 작용한다.

이어서 공기가 움직일 때의 힘, 예를 들면 강풍이 불 때 바람이 지니는 힘에 관해 생각해보자. '버드나무에 바람 불 듯 유연하게 받아넘긴다.'라는 속담처럼 버드나무는 바람에 전혀 맞서지 않고 공기의 힘을 부드럽게 흘려보낸다. 한편 가지가 단단한 나무는 바람을 순순히 받아들이지 못하고 꺾이거나 뿌리가 뽑히기도 한다. 강풍에 정면으로 맞서면 공기의 운동에너지가 압력에너지로 바뀌어 나무에 작용하는 압력이 높아지기 때문이다. 또한 나무 뒤편으로 돌아 들어간 공기가 소용돌이치면서 네거티브 압력이 발생해 항력으로 작용, 풍하측으로 끌어당기는 힘이 더욱 커지기도 한다.

이처럼 공기가 흘러갈 때 혹은 바람이 불 때 생기는 압력을 동압(dynamic pressure)이라고 한다. 그런데 바람이나 공기의 흐름과는 별도로 빨판이나 진공 팩 등에 작용하는 압력도 잊어서는 안 된다. 이런 압력을 정압(static pressure)이라고 하는데, 항공계에서는 항공기에 작용하는 대기압을 정압으로 보면 된다. 빗대어 말하면, 강물에 손을 넣었을 때 깊이에 의해 느껴지는 압박감이 정압, 물의 흐름으로 느껴지는 압력이 동압이라고 할 수 있다.

정압

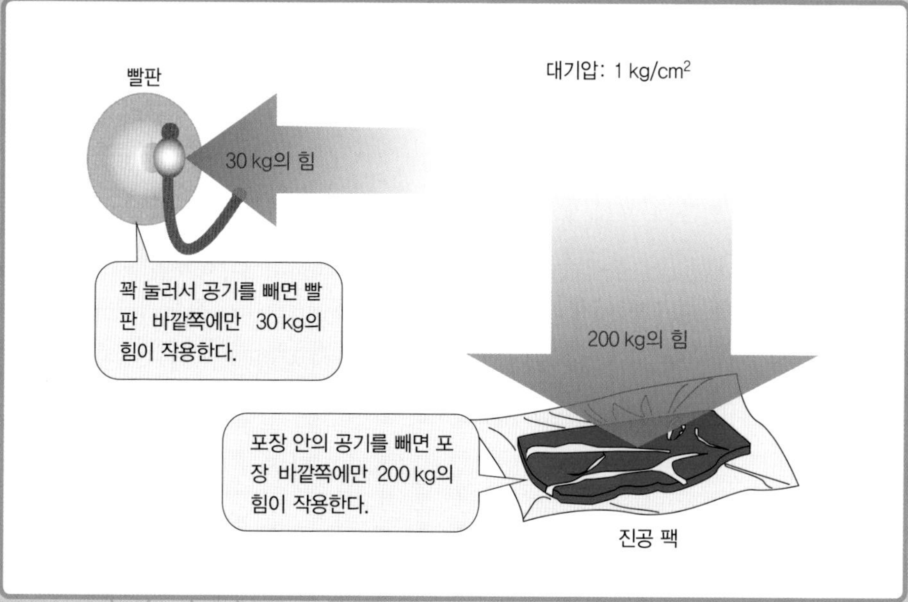
대기압: 1 kg/cm²
빨판
30 kg의 힘
꽉 눌러서 공기를 빼면 빨판 바깥쪽에만 30 kg의 힘이 작용한다.
200 kg의 힘
포장 안의 공기를 빼면 포장 바깥쪽에만 200 kg의 힘이 작용한다.
진공 팩

동압

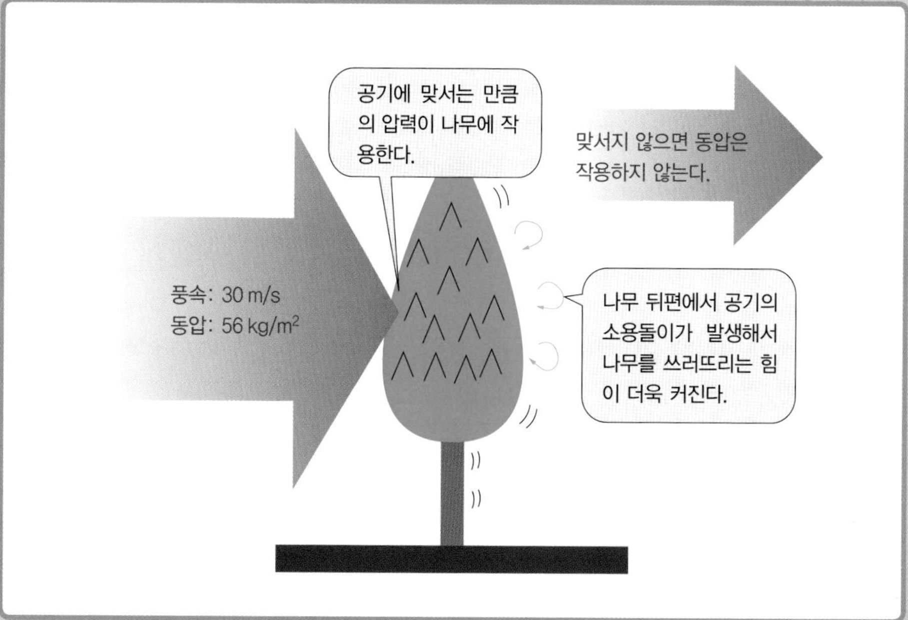
공기에 맞서는 만큼의 압력이 나무에 작용한다.
맞서지 않으면 동압은 작용하지 않는다.
풍속: 30 m/s
동압: 56 kg/m²
나무 뒤편에서 공기의 소용돌이가 발생해서 나무를 쓰러뜨리는 힘이 더욱 커진다.

베르누이 정리

흐름이 빨라지면 압력이 낮아진다?

공기의 흐름에 의해 생기는 압력인 동압은 공기의 속도가 빨라질수록 높아진다. 이는 예전부터 잘 알려져 있는 사실이다. 동압의 크기가 공기속도의 제곱에 비례한다는 사실, 예를 들어 공기의 속도가 2배가 되면 동압은 4배가 된다는 사실을 수식으로 밝힌 사람은 18세기의 물리학자 다니엘 베르누이(Daniel Bernoulli)다.

우선 동압은 공기의 속도가 0일 때 발현되는 압력이며, 힘이 정압으로 나타난다는 점에 주의해야 한다. 이는 물리적인 압력으로 실제 작용하는 힘은 정압뿐이며 동압의 크기, 즉 흐르는 공기의 속도에 의해 정압의 크기가 변화한다는 의미다. 감각적으로 보면 동압은 물리적인 압력이라기보다 정압을 변화시키는 요인이 되는 수리적 변수라고 생각할 수 있다.

이를 이해하기 위해 에너지의 관점에서 생각해보자. 공기에는 일반적으로 위치에너지, 운동에너지 및 압력에너지가 있다. 에너지 보존의 법칙으로 설명하면 공기 흐름이 가속되어 압력에너지가 운동에너지로 변화해도, 공기가 지닌 전체 에너지는 변화하지 않는다.

다시 말해 (정압) + (동압)은 늘 일정하며, 공기의 속도가 빨라지면 정압이 감소하고 공기의 속도가 느려지면 정압이 증가하는 관계에 있다. 그리고 운동에너지를 지니는 동압은 공기밀도 및 공기속도의 제곱에 비례하므로 다음과 같이 나타낼 수 있다.

$$(\text{동압}) = (1/2) \times (\text{공기밀도}) \times (\text{공기속도})^2$$

이는 항공역학에서는 빼놓을 수 없는 공식이다.

베르누이 정리

$$P_1 + \frac{1}{2}\rho V_1^2 = P_2 + \frac{1}{2}\rho V_2^2$$

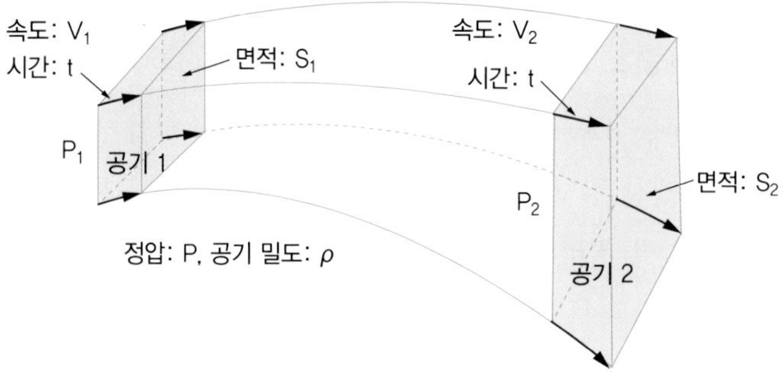

공기 1과 공기 2의 유량 w는 동일하므로

$w = \rho \cdot S_1 \cdot V_1 \cdot t = \rho \cdot S_2 \cdot V_2 \cdot t$이고,

$S_1 \cdot V_1 = S_2 \cdot V_2$라는 연속의 법칙이 성립한다.

그리고

$$(\text{압력에너지}) = (\text{압력}) \times (\text{부피}) = P \cdot S \cdot V \cdot t$$

$$(\text{운동에너지}) = \frac{1}{2} \times (\text{질량}) \times (\text{속도})^2 = \frac{1}{2} \cdot (\rho \cdot S \cdot V \cdot t) \cdot V^2$$

(압력에너지) + (운동에너지) = (일정)이므로

$$P_1 \cdot S_1 \cdot V_1 \cdot t + \frac{1}{2} \cdot (\rho \cdot S_1 \cdot V_1 \cdot t) \cdot V_1^2 = P_2 \cdot S_2 \cdot V_2 \cdot t + \frac{1}{2} \cdot (\rho \cdot S_2 \cdot V_2 \cdot t) \cdot V_2^2$$

연속의 법칙 $S_1 \cdot V_1 = S_2 \cdot V_2$로부터 다음과 같은 식이 성립한다.

$$P_1 + \frac{1}{2}\rho V_1^2 = P_2 + \frac{1}{2}\rho V_2^2$$

$$(\text{정압})_1 + (\text{동압})_1 = (\text{정압})_2 + (\text{동압})_2$$

이 식이 정압과 동압의 합이 항상 일정하다는 것을 나타내는 베르누이 정리이다.

동압의 응용
항공기의 속도계

동압을 이용하는 대표적인 예가 속도계다. 예전 속도계는 계기 내에 설치한 공합(空盒, diaphragm, 얇은 금속 용기)에 동압을 직접 가해서 동압에 의한 공합의 팽창 정도를 증폭해 지시하는 방식이었다. 현재는 동압을 컴퓨터로 디지털 처리하여 계기에 지시한다. 하지만 현재의 속도계도 예전과 마찬가지로 동압을 기준으로 삼는 기기가 주류이며, 이는 시간당 나아가는 거리를 지시하는 일반적인 속도계와는 다르다.

그 이유는 양력과 항력이 동압에 비례하기 때문이다. 항공기가 실속하지 않고 비행할 수 있는 최소속도 혹은 기체가 파손되지 않는 최대속도를 알아내는 데는 동압의 크기를 기준으로 한 속도계가 알맞다. 조종사가 활용하기에도 편리하고, 항공기에 설치하기도 좋다. 동압을 기준으로 한 속도계는 대기속도계(airspeed indicator)라고 하고, 대기속도계가 지시한 속도는 지시대기속도(IAS, indicated airspeed)라고 한다.

동압을 측정하는 장치는 18세기의 발명가 앙리 피토(Henri Pitot)가 발명했다. 발명자의 이름을 따서 피토관이라고 부르는 이 장치는 현재도 자주 사용되고 있다. 공기의 흐름 속에 둔 돌기물의 뾰족한 끝에서는 공기가 막혀 흐르지 못하고 정체되는데, 이 정체점의 존재를 이용한 장치다. 정체점에서 공기속도가 0이 되면서 높아진 압력을 총압이라고 하며, (총압) = (정압) + (동압)이라는 관계에 있다. 이 관계를 이용해서 피토관의 정체점이 되는 총압구멍에서 총압을, 정압구멍에서 정압을 측정하면 다음과 같은 식으로 동압을 측정할 수 있다.

(동압) = (총압) − (정압)

정체점

정체점에서 압력과 온도가 높아지는 현상을 램 효과(ram effect)라고 한다.
높아진 압력을 총압, 높아진 온도를 총온도(TAT, total air temperature)라고 한다.

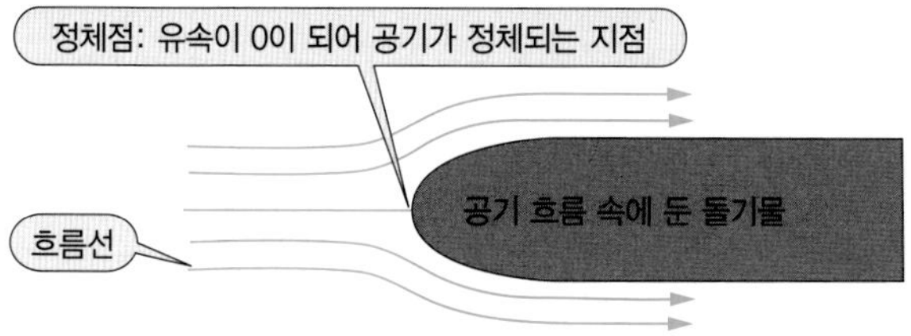

피토관

정체점에서의 압력: (총압) = (정압) + (동압)이므로
(동압) = (총압) − (정압)

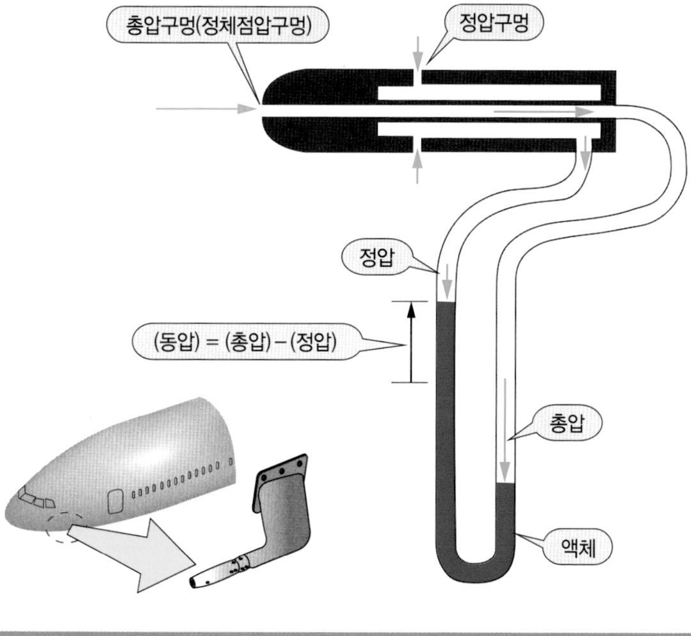

대기속도계의 눈금

동압의 크기와 눈금

동압을 이용한 대기속도계가 지니는 의미를 알아보자. 일단 항공계에서의 속도 단위는 해운계와 마찬가지로 1시간당 1해리(1 NM) 혹은 1마일(1,852 km)을 나아가는 속도인 1노트(Knots, Kts)다.

대기속도계는 지상에서 피토관에 부딪히는 공기의 속도와 동일하도록 눈금이 움직인다. 예를 들어, 항공기가 활주로를 활주할 때 공기의 속도가 100노트(185 km/h)라면 대기속도계도 100노트를 지시한다. 이 방법에 따르면 표준대기 상태일 때는 대기속도가 활주로에 대한 속도(대지속도)와 동일해지기 때문에 이륙거리를 산출하기가 용이해진다.

문제는 항공기가 이륙해서 상승하는 경우다. 소형기처럼 저속도, 저고도로 비행하는 경우에는 공기의 속도와 대기속도계의 차이가 극히 적다. 하지만 고도가 높아지면 그 차이는 눈에 띄게 벌어진다.

예를 들어 지시대기속도 250 IAS를 유지하며 상승한다고 하자. 상승할수록 공기 밀도가 낮아지므로, 250 IAS라는 동일한 동압을 유지하기 위해서는 공기의 속도를 빠르게 해야 한다. 다음 페이지의 그림처럼 지상에서는 동일했던 속도가 10,000 m 상공에서는 162노트(300 km/h)나 벌어져버린다. 그러나 조종사는 고도에 따라 변화하는 공기의 속도에 신경 쓸 필요 없이, 일정한 지시대기속도(IAS)만 유지한다면 항공기를 띄우는 양력을 유지할 수 있다.

동일한 지시대기속도를 유지하면 어느 고도에서든 동일한 공기의 힘을 얻을 수 있다. 감각적으로 말하면 '조종석의 앞 유리창으로 바람을 가르는 소리가 계속해서 동일한 크기로 들리는 속도'라고 할 수 있다.

대기속도계의 눈금

동압의 크기를 지시하는 계기인데, 눈금이 속도계처럼 생겼다. 이 예에서는 250 IAS를 지시하고 있다.

(동압) = $\frac{1}{2}$ (공기밀도) × (공기속도)^2

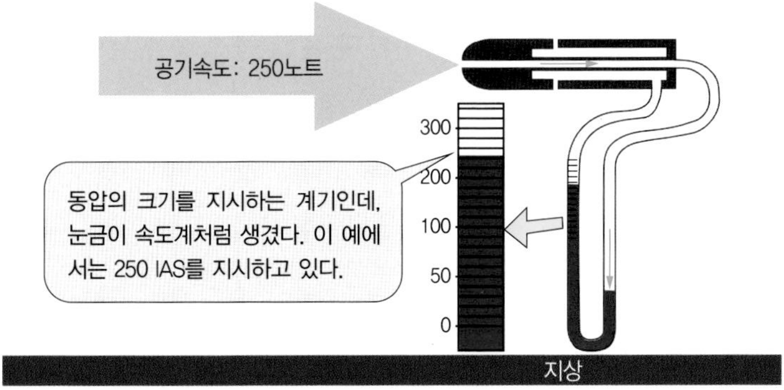

고도 10,000 m에서는 공기밀도가 지상의 1/3이기 때문에, 250 IAS의 지시(동일한 동압)를 얻으려면 공기밀도가 낮아진 만큼 공기속도를 162노트(300 km/h) 더해서 412노트(763 km/h)로 만들어야 한다.

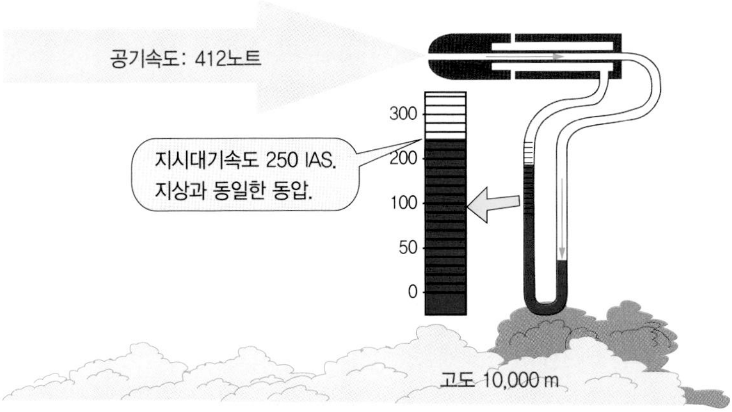

대기의 속도란?

진짜 속도와 바람

동압을 구하는 식에 나오는 공기(대기)의 속도는 피토관뿐 아니라 항공기 전체에 부딪히는 공기의 속도, 다시 말해 공기가 항공기에 스쳐 지나가는 속도를 말한다. 즉, 항공기가 평온한 공기 속을 날아가는 속도 그 자체라고 할 수 있다. 공기에 대한 항공기의 진짜 속도라는 의미로 진대기속도(TAS, true airspeed)라고 한다. 항공역학에서의 '속도'는 특별한 설명이 없는 한, 이 진대기속도를 가리킨다.

진대기속도는 일반적인 속도와 마찬가지로 이동거리에 대한 시간의 비율이다. 그러나 그 이동거리는 어디까지나 공기 속을 이동하는 거리(업계 용어로는 항공마일air mile)인 것에 주의해야 한다. 공기 속을 이동하는 속도가 진대기속도라면, 자동차처럼 지상을 이동하는 속도를 대지속도(GS, ground speed)라고 한다.

진대기속도와 대지속도의 차이는 항공기와는 관련이 없다. 공기 자체가 정지해 있는지 아니면 이동하고 있는지의 차이, 즉 바람과 관련되어 있다. 자동차는 바람과 관계없이 속도계가 80 km/h를 지시한다면 1시간에 80 km를 나아간다는 의미다. 그러나 항공기는 상공의 바람에 커다란 영향을 받는다.

예를 들어, 서쪽으로 비행하는 '나리타 → 후쿠오카' 노선의 비행시간은 겨울철과 여름철에 30분이나 차이가 난다. 바람의 영향이 없는 여름철에는 대지속도와 진대기속도가 동일한 상태로 비행할 수 있다. 그러나 겨울철에는 제트기류(편서풍이 특히 강해지는 부분)를 역풍으로 맞는 만큼 대지속도가 진대기속도에 비해 느려지므로 비행시간이 30분이나 더 걸린다.

진대기속도란?

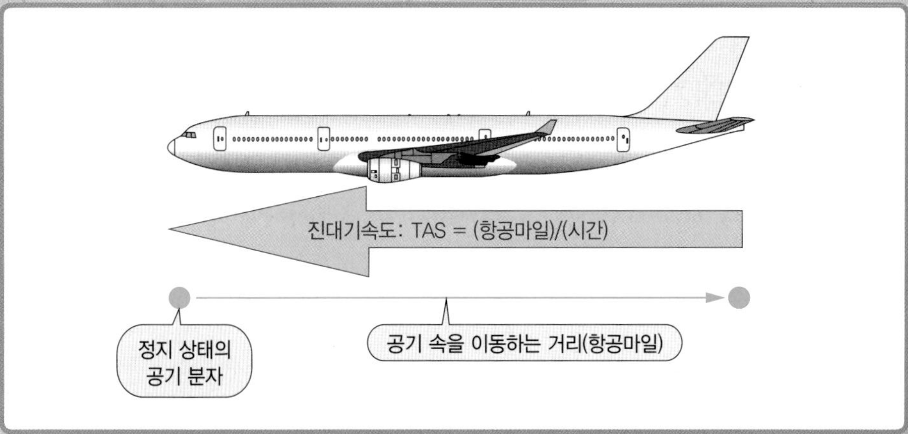

진대기속도와 대지속도

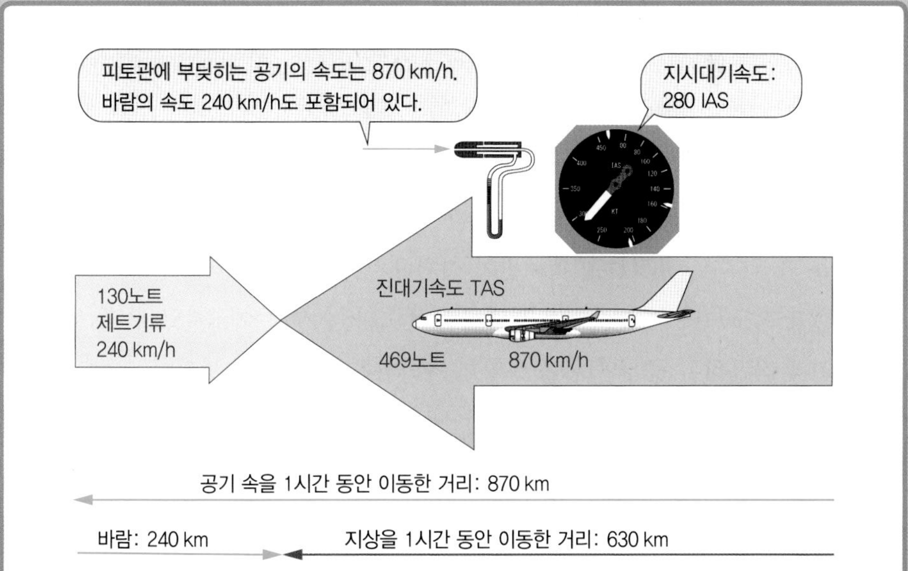

(대지속도: GS) = (진대기속도: TAS) ± (바람 성분: W)

−: 역풍 성분, +: 순풍 성분

(대지속도: GS) = (TAS: 870) − (역풍: 240)

= 630 km/h

그 외의 대기속도

다양한 대기속도

대기속도계가 지시하는 대기속도(IAS)는 조종사에게 매우 중요하다. 따라서 피토관은 항공기의 자세 변화에 따라 공기의 흐름이 극단적으로 변화하지 않는 곳에 설치한다. 그러나 항공기의 자세에 따른 오차나, 계기 자체에 의한 오차는 늘 생겨나기 마련이다.

설치 위치에 따른 오차나 계기 자체의 오차를 보완하기 위한 속도로서 교정대기속도(CAS, calibrated airspeed)가 있다. 오늘날의 첨단 항공기는 이런 오차가 자동으로 수정되므로 지시대기속도계의 지시는 IAS가 아니라 CAS라고 생각해도 좋을 것이다. CAS로 정의되는 예로서는 실속속도(양력이 급감하고 항력이 급증함으로써 속도나 고도를 유지할 수 없는 불안정한 상태가 되는 속도) 및 이륙결정속도 V_1, 이륙전환속도 V_R, 이륙안전속도 V_2 등의 이륙속도가 있다.

공기가 압축되어서 발생하는 오차도 있다. 비행속도가 고속이 되었을 때 압축된 공기압을 피토관이 착각해서 동압으로 감지하는 바람에 실제 속도보다 빠른 속도를 지시하는 것이다. 이 때문에 CAS로는 항공기에 작용하는 공기의 힘을 정확히 계산하는 데 문제가 생긴다.

그래서 압축되어 증가한 압력을 뺀 속도, 다시 말해 동압만을 완벽히 감지해서 속도로 환산한 등가대기속도(EAS, equivalent airspeed)를 사용한다. 동일한 속도의 EAS라면 어느 고도에서나 등가의 동압을 얻을 수 있는 대기속도다. 피토관으로 실제 감지한 속도가 아니라 계산식으로 산출한 속도인데, 항공기 내공성 등의 기준이 되는 설계 대기속도로서는 IAS나 CAS가 아니라 EAS를 사용해야 한다(COLUMN-02 참조).

각 대기속도의 관계

IAS	지시대기속도	피토관으로 감지한 (총압) − (정압)을 속도계에 지시한 속도

↓ 장착 위치에 따른 오차나 계기 자체의 오차를 수정: IAS ± ΔV

CAS	교정대기속도	지시대기속도의 오차를 수정한 속도

↓ 공기의 압축 오차를 수정: CAS − ΔV

EAS	등가대기속도	임의의 고도에서, 표고 0 m를 기준으로 한 동압과 등가의 동압을 얻을 수 있는 속도

↓ 공기 밀도에 의한 보정*

TAS	진대기속도	정지한 공기에 대한 상대속도

↓ 바람 성분에 의한 보정: + 순풍 성분, − 역풍 성분

GS	대지속도	지표에 대한 상대속도

* EAS와 TAS의 관계

표고 0 m에서의 EAS로 얻을 수 있는 동압과 임의의 고도에서의 동압이 등가이므로,

$$\frac{1}{2}(\text{표고 0 m에서의 공기밀도}) \times (\text{EAS})^2$$
$$= \frac{1}{2}(\text{임의의 고도에서의 공기밀도}) \times (\text{TAS})^2$$

따라서

$$\text{EAS} = \sqrt{\frac{(\text{임의의 고도에서의 공기밀도})}{(\text{표고 0 m에서의 공기밀도})}} \times \text{TAS}$$

또는

$$\text{EAS} = \sqrt{\text{공기밀도비}} \times \text{TAS}$$

마하수

어째서 항공기와 음속은 서로 관련이 있는가?

항공기와 소리의 속도의 상관관계를 알아보자.

소리는 공기압력의 변화가 파동이 되어 전파된다. 그리고 공기 중에서 일으킨 파도도 소리와 동일한 속도로 전파된다. 배가 수면에 하얀 물결을 남기듯이, 항공기도 공기에 파동을 일으켜서 소리와 동일한 속도로 주변으로 퍼져나간다. 즉 항공기에서 중요한 것은 소리 자체가 아니라, 소리의 파동이 공기 중에서 전파되는 메커니즘이라고 할 수 있다.

항공기와 소리 사이에는 특별한 상관관계는 없다. 항공기 앞에 '소리의 벽'이 존재할 뿐이다. 그중 하나가 충격파다. 뱃머리에 물결이 모이는 이유는 배가 스스로 일으킨 물결보다 빠르게 나아가기 때문이다. 항공기도 직접 일으킨 공기의 파동과 항공기의 속도가 비슷해지면 처음에는 기수가 아니라 주날개 윗면에서 공기의 흐름이 압축되면서 충격파가 발생한다. 그러면 항력이 급증하면서 기체 진동[버핏(buffet)]을 일으킬 우려가 있다. 그러므로 충격파가 발생하는 비행속도를 알 필요가 있다. 그래서 마하수(mach number)를 응용한다. 마하수란 진대기속도와 음속의 비율로, 마하 1이 음속과 같다. 음속은 고도와 기온에 따라 변화한다. 그러나 마하수를 사용한다면 어느 고도에서든 마하 1에서 충격파가 발생한다. 따라서 마하수는 실제 음속을 몰라도 충격파가 발생하는 속도를 알 수 있는 편리한 단위다. 그리고 비행속도가 음속을 넘지 않더라도 항공기의 일부가 음속을 넘게 되는 비행속도를 임계 마하수(critical mach number)라고 하는데, 여객기는 임계 마하수까지 가속하지 않는다.

마하수

$$\text{마하수} = \frac{\text{속도(TAS)}}{\text{음속}}$$

- 고도 10,000 m를 862 km/h의 속도로 비행 중이라면 마하수는

$$\text{마하수} = \frac{862}{1078} \fallingdotseq 0.80$$

- 고도 12,000 m를 마하 0.88로 비행 중이라면 진대기속도 TAS는

$$\text{TAS} = 1062 \times 0.88 \fallingdotseq 935\ \text{km/h}$$

고도(m)	음속(km/h)
0	1,225
2,000	1,197
4,000	1,169
6,000	1,139
8,000	1,109
10,000	1,078
12,000	1,062

충격파

비행속도가 음속에 가까워지면, 유속이 가장 빠른 주날개 윗면을 통과하는 공기가 음속을 넘어서 주날개 윗면에 충격파가 발생한다. 그러면 항력이 급증할 뿐 아니라, 주날개에서 박리된 공기가 기체를 진동시키는 버핏이 발생할 우려가 있다.

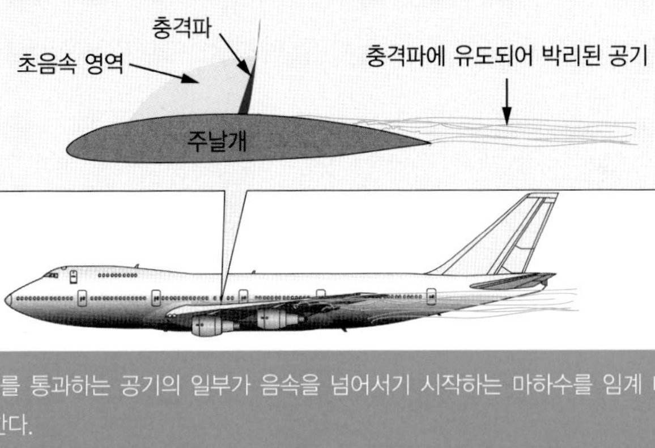

- 항공기를 통과하는 공기의 일부가 음속을 넘어서기 시작하는 마하수를 임계 마하수라고 한다.
- 예를 들어, 마하수가 마하 0.88이 되었을 때 주날개를 통과하는 공기가 음속을 넘어서면 마하 0.88이 임계 마하수가 된다.
- 항력이 급증하면 연비가 나빠지기 때문에 현재 제트 여객기는 경제속도인 마하 0.80 전후로 비행하며, 임계 마하수까지 가속하지 않는다.

마하수를 측정하는 법

대기속도계와 동일하게 피토관으로 측정한다

충격파에 유도되어 주날개 윗면에서 박리된 공기가 기체를 진동시키는 버핏은 고속 상태에서 실속하는 충격파 실속(shock stall)의 전조 현상이다. 따라서 일반적인 제트 여객기는 절대로 임계 마하수까지 가속하지 않는다. 음속을 넘어서는 항공기는 삼각 날개를 장착하거나 급증하는 항력을 견뎌내는 대출력 엔진을 채택하여, 소리의 벽을 돌파한다.

항공기의 속도 영역은 기체의 어느 부분도 음속을 넘어서지 않는 아음속(subsonic speed: 마하 0.00~0.70), 음속에 이르지 않은 부분과 음속을 넘어서는 부분이 혼재하는 천음속(transonic speed: 마하 0.70~1.20), 기체의 모든 부분이 음속을 넘어서는 초음속(supersonic speed: 마하 1.20~5.00)과 극초음속(hypersonic speed: 마하 5.00 이상)으로 분류한다. 프로펠러 여객기는 아음속 영역(0.50 전후), 제트 여객기는 천음속 영역(0.80~0.86)을 비행한다. 지금은 퇴역한 콩코드는 초음속(마하 2.20)으로 비행했다. 여담이지만, 관제사와 조종사가 교신할 때는 '마하'가 아니라, 조금 더 알아듣기 쉽도록 '마크'로 발음한다.

대기속도계는 총압과 정압의 차를 이용하는데, 공기의 압축까지 감지하는 것이 피토관의 결점이다. 마하계에서는 이 결점을 활용해서, 피토관으로 얻은 총압과 정압의 비로 마하수를 산출한다. 공기가 얼마나 압축되었는지를 나타내는 '총압과 정압의 비'와 '마하수'의 관계는 다음 페이지의 위쪽 그림과 같은 단순한 그래프로 나타낼 수 있다. 다만, 마하수 1.0을 넘으면 피토관에도 충격파가 발생하므로 이때는 아래쪽 그림의 그래프를 이용해서 측정하면 된다.

마하수를 측정하는 법

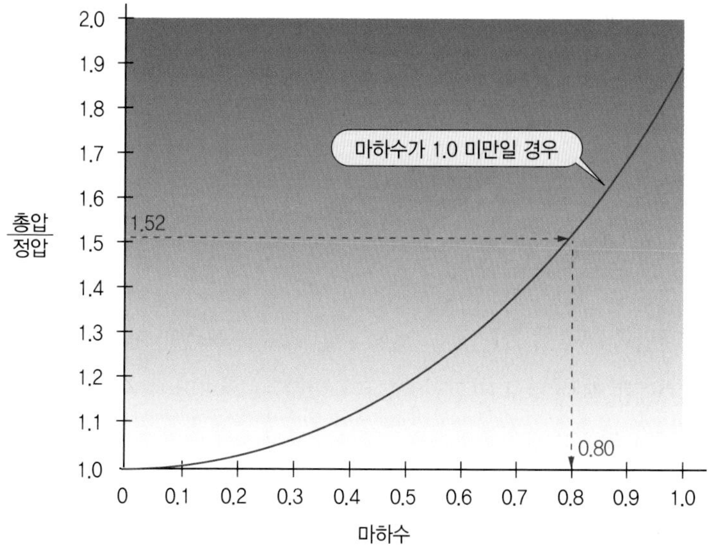
총압
정압
2.0
1.9
1.8
1.7
1.6
1.5
1.4
1.3
1.2
1.1
1.0
1.52
마하수가 1.0 미만일 경우
0.80
0
0.1
0.2
0.3
0.4
0.5
0.6
0.7
0.8
0.9
1.0
마하수

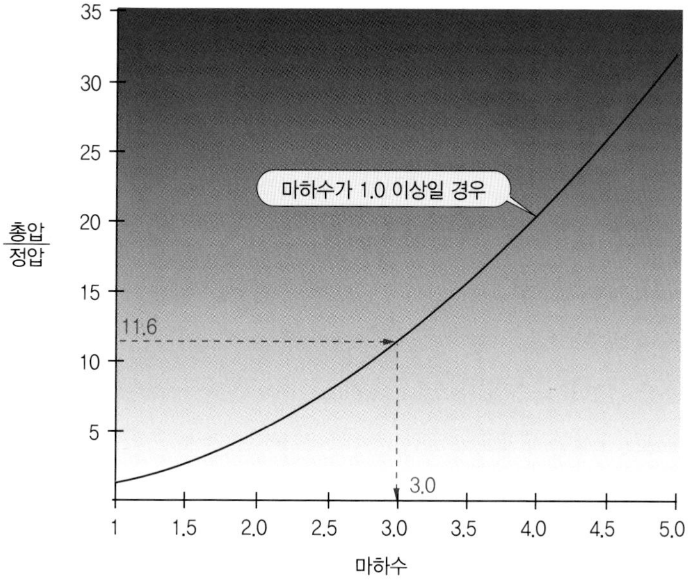
총압
정압
35
30
25
20
15
10
5
11.6
마하수가 1.0 이상일 경우
3.0
1
1.5
2.0
2.5
3.0
3.5
4.0
4.5
5.0
마하수

기압고도

높이와 고도

항공기는 속도만큼이나 고도도 중요하다. 비행하는 고도에 따라 비행성능이 크게 달라지기 때문이다. 고도를 측정하는 방법을 알아보자.

항공계에서는 '높이(절대고도)'와 '고도(실제고도)'를 구별해서 사용한다. 높이는 활주로 혹은 장애물과 항공기 사이를 실측한 수직거리다. 고도는 평균해면과 항공기 사이의 수직거리로, 표고와 동일한 개념이다. 높이는 항공기에서 수직으로 발신한 전파가 활주로나 해면에 반사되어 돌아올 때까지의 시간 차로 측정하고, 전파고도계(radio altimeter)라는 고도계로 표시한다. 항공기 운항에는 중요한 장치이지만 항공역학에서는 그다지 활용성이 높지 않다. 전파고도계는 착륙 진입을 할 때 착륙할지, 아니면 착륙을 중단할지 결정하는 높이를 확인하고자 할 때에 유용하다.

고도는 양력이나 항력의 크기, 엔진 출력 등은 공기밀도의 영향을 받기 때문에 공기밀도를 기준으로 한 고도로 비행하는 것이 이상적이다. 보통의 항공기는 기압을 측정하여 고도로 표시한다. 이 기압을 기준으로 한 고도를 기압고도, 그 계기를 기압고도계라고 한다.

지상의 기압은 항상 동일하지 않다. 그래서 고도계 수정(altimeter setting)이라는 방법으로 고도계의 원점을 수정한다. 이착륙 시에는 정확한 고도가 필요하므로 지상에서 실측한 기압을 세팅하고, 높은 고도나 바다 위에서는 표준기압치 1,013 hPa를 세팅한다. 그리고 1,013 hPa을 원점으로 가정한 고도(즉, 등압면)를 비행고도(flight level)라고 한다.

기압고도

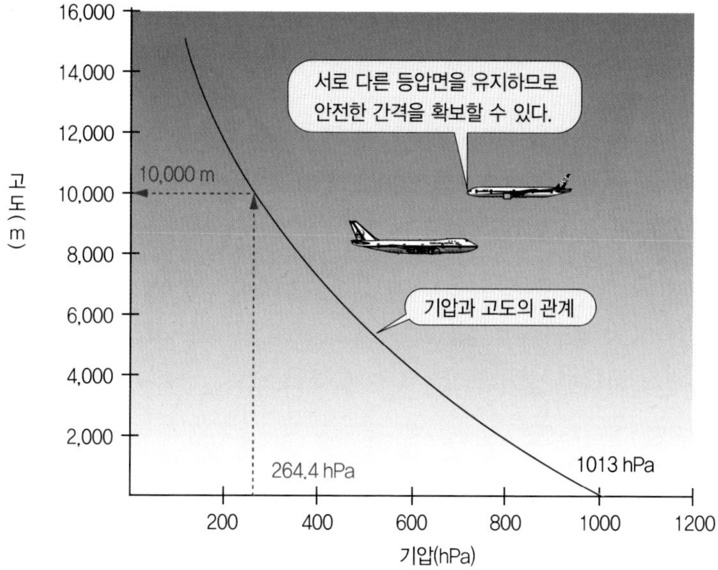
16,000
14,000
12,000
10,000
8,000
6,000
4,000
2,000
고도(m)
10,000 m
서로 다른 등압면을 유지하므로 안전한 간격을 확보할 수 있다.
기압과 고도의 관계
264.4 hPa
1013 hPa
200
400
600
800
1000
1200
기압(hPa)

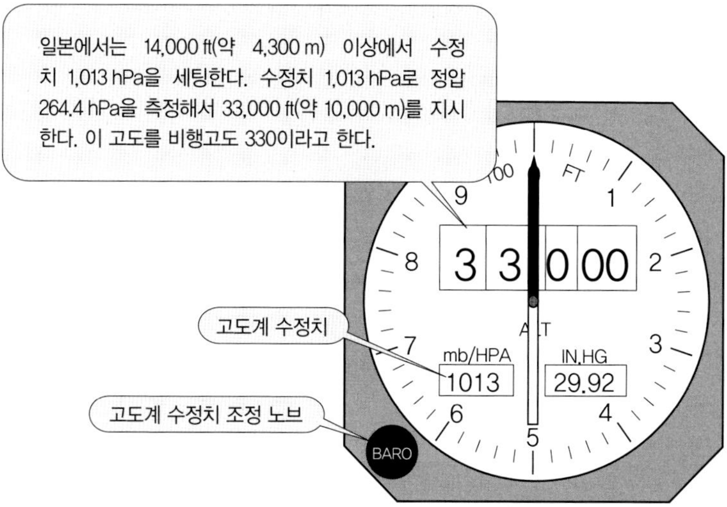
일본에서는 14,000 ft(약 4,300 m) 이상에서 수정치 1,013 hPa을 세팅한다. 수정치 1,013 hPa로 정압 264.4 hPa을 측정해서 33,000 ft(약 10,000 m)를 지시한다. 이 고도를 비행고도 330이라고 한다.
FT
3 3 0 00
ALT
mb/HPA
1013
IN.HG
29.92
고도계 수정치
고도계 수정치 조정 노브
BARO

기압고도계

대기자료

주변의 공기를 읽는다

항공기는 공기의 힘을 이용해서 하늘을 날기 때문에 비행 중에는 대기자료(air data, 공기에 관한 모든 정보)를 알아야 한다.

예전에는 공기를 각 계기 안에 직접 넣어서 처리한 후 표시하는 방법을 사용했다. 현재는 대기자료를 한곳에서 집중적으로 관리하는 방법을 취하고 있고, 그 장치를 대기자료 컴퓨터(air data computer)라고 한다. 여기에서 처리된 대기자료는 속도계 등의 계기는 물론, 엔진제어장치나 비행관리시스템(FMS: flight management system) 등에도 전송된다.

온도는 항공기 주변의 외기 온도를 측정하는 것이 아니라, 총압과 마찬가지로 정체점에서 온도가 상승하는 특징을 이용하는 총온도 센서로 총온도(TAT, total air temperature)를 측정한다. 총온도가 필요한 가장 큰 이유는 엔진이 흡입하는 공기의 온도를 알기 위해서다. 엔진이 흡입하는 공기의 온도는 외기온도가 아니라 엔진 입구에 공기가 부딪혀서 상승하는 총온도이고, 이는 추력의 크기를 결정하는 중요한 역할을 한다.

속도는 피토관과 정압구멍으로 측정한 총압과 정압의 차를 이용하고, 지상에서의 공기밀도를 기준으로 눈금을 가리키는 속도가 지시대기속도다. 이와 달리, 총압과 정압의 비를 이용하는 속도가 마하수다. 그리고 마하수가 증가하면 총온도가 상승하는 관계식으로부터 정온도(SAT, static air temperature, 총온도에 대응하는 외기 온도)를 산출할 수 있다. 그리고 음속이 온도에 의해 결정되는 점을 이용해서 정온도로부터 음속을 산출할 수 있다. 그 음속에 마하수를 곱한 속도가 진대기속도다.

대기자료

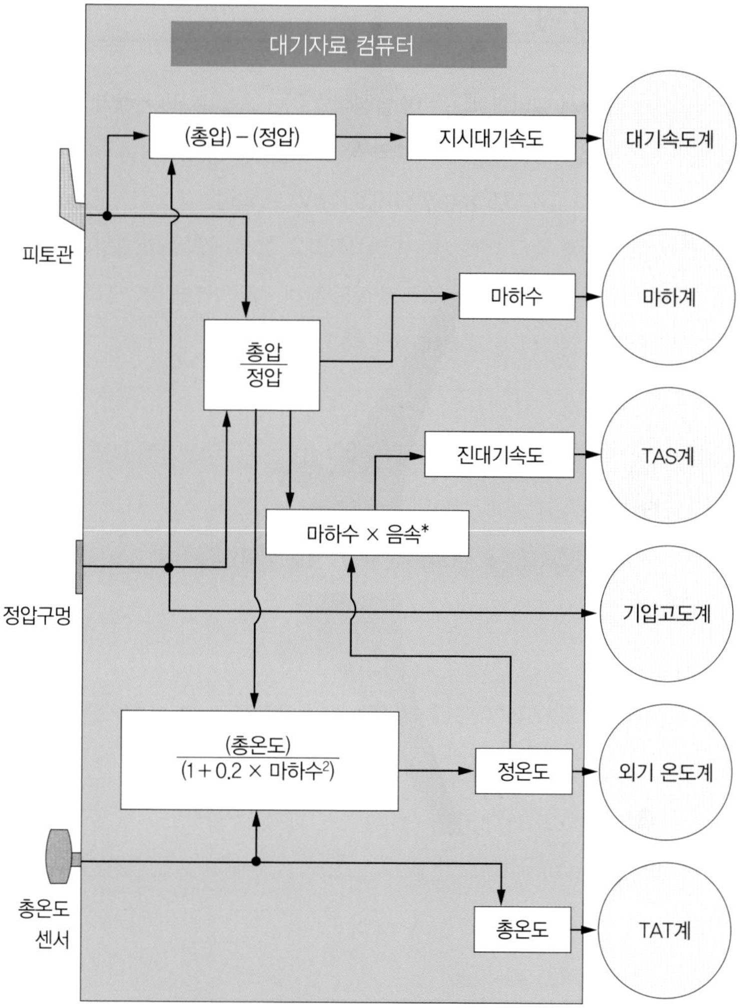

$$* \text{ 음속} = 38.97 \times \sqrt{273.15 + \text{정온도}} \text{ (노트)}$$

$$= 72.17 \times \sqrt{273.15 + \text{정온도}} \text{ (km/h)}$$

COLUMN 2

속도 계산공식

대기속도는 본문에서 설명한 베르누이 방정식으로는 구할 수 없다. 실제 대기속도를 구하려면 공기의 압축성을 고려한 다음의 식을 사용해야 한다.

$$3.5 \times (p/\rho) + 0.5 \times \rho V^2 = \text{일정}$$

이 식은 압축 유체일 때의 베르누이 방정식이라고 할 수 있다. 비행속도는 이 압축성을 고려해야만 산출할 수 있다. 각각의 속도 환산식을 아래에 나타냈다. 이때 외기 온도: t, 온도비: θ, 압력비: δ, 밀도비: σ로 한다.

(1) 교정대기속도 VC에서 마하수 VM을 구한다.

VM = SQRT(5* (((1/δ) * ((1 + 0.2* (VC/661.48) ^ 2) ^ 3.5 − 1) + 1) ^ 0.28571 − 1))

(2) 교정대기속도 VC에서 진대기속도 VT를 구한다.

VT = 661.48* SQRT(5* θ* (((1/δ)* ((1 + 0.2* (VC/661.48) ^ 2) ^ 3.5 − 1) + 1) ^ 0.28571 − 1))

(3) 마하수 VM에서 교정대기속도 VC를 구한다.

VC = 661.48* SQRT(5* ((δ* ((1 − 0.2* (VM) ^ 2) ^ 3.5 − 1) + 1) ^ 0.28571 − 1))

(4) 진대기속도 VT에서 교정대기속도 VC를 구한다.

VC = 661.48* SQRT(5* ((δ* ((1 + (1/θ)* (VT/1479.1) ^ 2) ^ 3.5 − 1) + 1) ^ 0.28571 − 1))

(5) 마하수 VM에서 진대기속도 VT를 구한다.

VT = 661.48* VM* SQRT(θ)

(6) 진대기속도 VT에서 등가대기속도 VE를 구한다.

VE = SQRT(σ)*VT

제 3 장

양력과 항력

양력은 어떻게 발생하는가? 받음각과 양력의 관계는? 항력은 어떻게 발생하는가? 항력은 어떤 것들이 있는가? 그리고 양력과 항력은 어떤 관계가 있는가?

양력이란?

부력과 양력

18세기에 세계 최초로 넓은 하늘로 날아오른 열기구는 모닥불이 위로 솟아오르는 것에서 힌트를 얻었다고 한다. 왜 열기구는 하늘로 뜰 수 있는지 알아보자.

물은 무겁지만 우리는 물속에서 그 무게를 느낄 수 없다. 공기 중에서 공기의 무게를 잴 수 없는 것과 마찬가지 이유다. 이를 확인하기 위해 가로 · 세로 10 m, 높이 20 m의 공기기둥을 가상해 보자. 이 기둥의 무게는 그림에서 계산된 것처럼 2,450 kg이 된다. 공기 중에서 기둥의 무게가 0인 이유는 고도 0 m에서의 기압과 고도 20 m에서의 기압 차, 다시 말해 기둥 아래에서 밀어 올리는 힘과 위에서 누르는 힘의 차이 2,450 kg이 공기기둥의 무게 2,450 kg과 균형을 이루기 때문이다.

이 압력의 차이에 의해 물체를 들어 올리는 힘이 부력이다. 부력과 공기의 무게가 동일하기 때문에 공기의 무게는 0이 되는 것이다. 이 공기기둥을 열기구에 비유하면, 열기구가 밀어낸 부피만큼의 공기의 무게가 열기구와 동일한 경우에는 아무 일도 일어나지 않고, 열기구의 무게가 가벼운 경우에는 부력이 발생한다.

고도 0 m와 20 m에서의 대기압의 차이는 0.3%밖에 되지 않는다. 이런 미세한 압력 차에서도 위로 밀어 올리는 힘은 크다. 따라서 공기보다 무거운 새가 하늘을 날 수 있는 까닭은 날개짓으로 강제적으로 날개 윗면과 아랫면에 압력의 차이를 만들어 위로 밀어 올리는 힘을 얻기 때문이다. 열기구처럼 공기보다 가볍게 만들어 힘을 얻는 것이 아니라, 새처럼 공기를 강제적으로 움직임으로써 만들어낸 압력의 차이에 의해 생겨나는 힘이 양력이다. 즉, 양력은 동적인 부력이라고 할 수 있다.

압력 차에 의한 힘

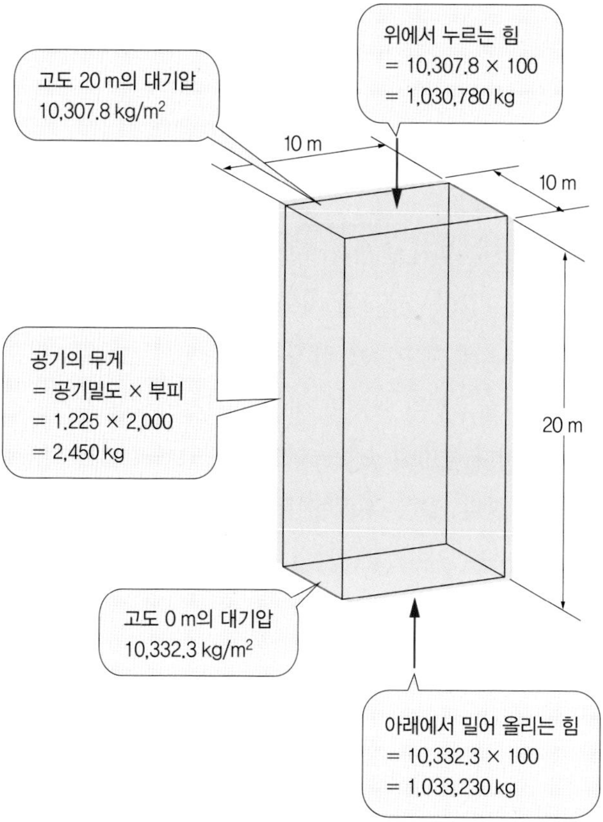

위아래의 압력 차는 1,033,230 − 1,030,780 = 2,450 kg이므로 위로 밀어 올리는 힘이 크지만, 공기의 무게 2,450 kg과 균형을 이루기 때문에 아무 일도 일어나지 않는다. 그러나 공기를 데워서 80 ℃로 만들면 공기밀도가 1.0이 되어 공기의 무게는 2,000 kg으로 줄어들기 때문에, 아래에서 밀어 올리는 힘과의 차이 450 kg이 부력이 되어 물체를 떠오르게 한다.

하늘을 나는 데는 날개가 필요

날개가 휘어져 있는 것이 핵심

새는 날개로 공기를 갈라서 강제적으로 압력 차를 만들어 양력을 생성한다. 효율적으로 압력 차를 만들기 위해서는 날개가 어떤 모양이어야 하는지 알아보자.

새의 날개 단면을 보면 날개가 후연을 향해 '휘어져 있음'을 알 수 있다. 휘어져 있는 이유는 공기의 저항을 줄이기 위해서라고 추측할 수 있다. 물속을 빠르게 헤엄치는 참치나 가다랑어 등의 몸도 이와 비슷한 모양을 띤다. 물고기의 몸이나 새의 날개처럼 헤엄치거나 하늘을 날 때 후방으로 물이나 공기의 소용돌이를 발생시키지 않는 모양을 유선형(streamline)이라고 한다. 같은 유선형이라도 물고기의 몸이 휘어진 모양은 좌우대칭인 데 비해, 새나 항공기의 날개는 대칭이 아니다. 그 이유는 비대칭 날개가 양력을 생성하는 데 더 효율적이기 때문이다. 다시 말해 비대칭 날개(asymmetrical wing)가 단순한 판상 날개(flat wing)보다 더 효율적으로 양력을 생성할 수 있다.

항공기 날개의 단면 형상이 비대칭으로 휘어져 있는 모습을 보여주는 기준은 캠버(camber)다. 캠버는 날개 윗면의 휘어진 정도가 아니라 내접하는 원의 중심을 연결한 선이 익현에서 얼마나 떨어져 있느냐를 보여주는 것으로, 익현(chord)에 대한 비율을 %로 표시한다. 따라서 수직꼬리날개처럼 좌우대칭 날개나 참치의 경우에는 내접원의 중심이 익현과 일치하기 때문에 캠버는 0%가 된다.

날개꼴(익형: airfoil)은 라이트형제가 처음으로 날개를 굽힌 데서부터 시작해서 더욱 진화했다. 날개꼴의 변천은 항공계의 발전 그 자체라고 해도 좋을 정도로 중요하다.

날개

날개 단면을 보면 '휘어져 있음'을 알 수 있다.

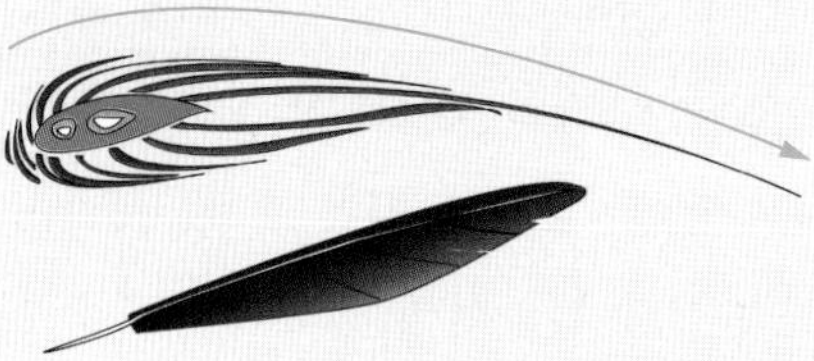

항공기 날개의 단면 형상을 날개꼴(익형)이라고 한다. 새의 날개와 마찬가지로 휘어져 있다. 이 휘어짐을 만드는 것이 바로 캠버다.

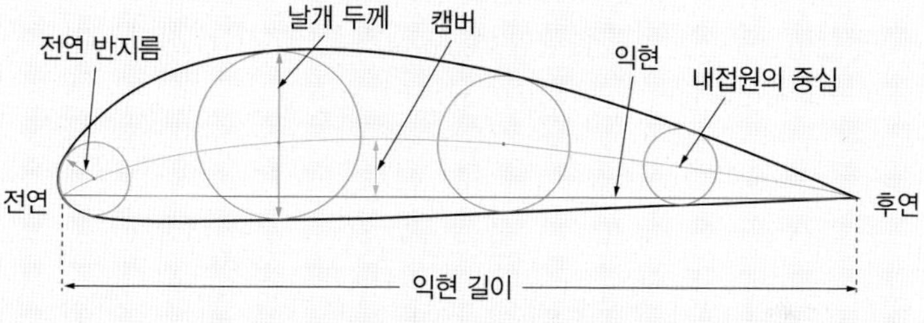

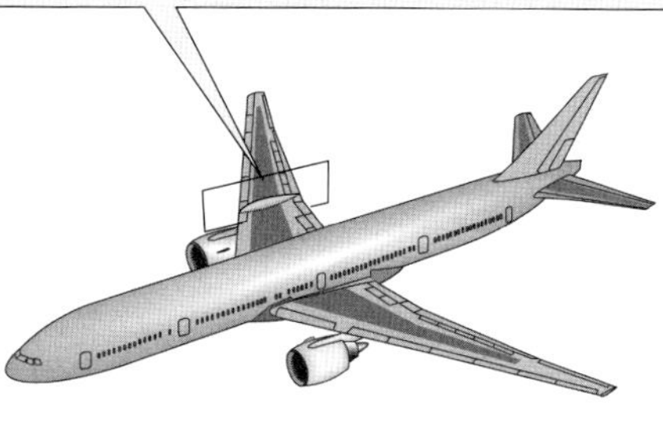

날개와 흐름선

공기는 어떻게 흐르는가?

영국의 허레이쇼 필립스(Horatio Phillips)가 세계 최초로 캠버 형상의 날개와 관련된 특허를 취득했다. 날개를 풍동(風洞, wind tunnel, 바람을 인공적으로 일으키는 터널 모양의 장치) 안에 넣고 실험한 결과, 윗면을 휘어지게 만든 날개가 단순한 판상날개보다 양력을 생성하는 효과가 우수하다는 사실을 밝혀냈다. 풍동 안에 넣은 날개에서 공기가 어떻게 흐르는지 확인해보자.

공기의 흐름을 그린 선을 흐름선(stream line)이라고 한다. 흐름선은 육안으로 보이지 않으며, 실제로는 연기의 흐름으로 관찰할 수 있게 만든다(역자주: 이 장치를 smoke tunnel이라고 한다). 또한 정체점을 경계로 날개 위아래로 나뉜다. 따라서 정체점(stagnation point)을 분기점(separation point)이라고도 한다. 우선, 정체점의 위쪽을 흐르는 공기는 상승하며 커브를 그리고, 날개끝에서는 하강한다. 또한 정체점에서 위아래로 나뉜 공기는 날개끝에서 다시 만나지 않으며, 윗면을 흐른 공기가 먼저 통과한다. 그리고 정체점에서는 피토관의 뾰족한 끝과 마찬가지로 동압이 0이 되기 때문에 정압은 주변의 기압보다 높아진다. 또한 날개 윗면에서는 정압이 낮아지고, 날개에 가까워질수록 압력이 낮아지는 기압경도(pressure gradient)를 형성한다. 기압경도는 정압이 날개면으로부터의 거리에 따라 변화하는 비율이다. 날개 아랫면의 압력은 윗면과 달리 큰 변화가 없다.

이처럼 정압은 날개 아랫면보다 윗면이 낮기 때문에, 부력과 마찬가지로 압력 차에 의해 아래에서 들어 올리는 양력이 발생한다.

날개꼴과 흐름선

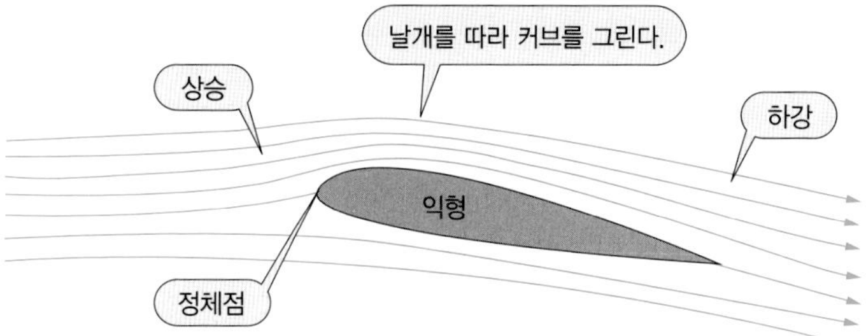

날개꼴과 기압경도

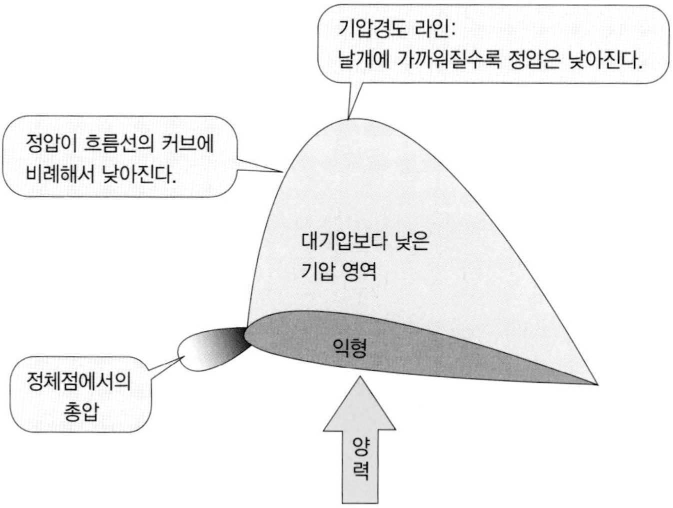

유속과 기압경도

속도가 먼저냐, 기압이 먼저냐?

왜 날개 윗면에서 기압경도가 발생할까? 풍동 실험에서 얻은 결과를 풀이해보자.

커브를 원운동의 일부라고 생각했을 때, 공기 분자가 날개를 따라 커브를 그리려면 공기 분자를 항상 커브 중심으로 향하게 하는 힘, 즉 구심력이 필요하다. 커브를 돌기 전에 기울어져서 구심력을 만드는 오토바이와 달리, 공기 분자는 기울지 않는다. 그 대신에 커브 바깥쪽과 안쪽에 압력 차를 만들어 구심력처럼 활용한다. 날개 윗면에서 멀어질수록 커브가 완만해지므로, 날개 윗면의 기압이 가장 낮고 날개 윗면에서 멀어질수록 기압이 서서히 높아지는 기압경도를 형성한다는 사실을 알 수 있다.

이어서 날개 윗면을 통과하는 공기의 속도, 즉 유속을 살펴보면 구심력에 의해 기압경도가 형성되는 영역에 공기 분자가 들어가면, 진행 방향의 기압이 낮으므로 공기는 뒤에서 밀리는 형태로 가속된다. 공기가 가속되면 동압이 커지고, 정압은 점점 저하해간다.

여기에서 중요한 것은 '압력 차는 유속을 변화시키고, 유속의 변화는 압력 차를 유지한다'는 상호작용이다. 다시 말해 '닭이 먼저냐, 달걀이 먼저냐?' 하는 논쟁처럼 유속이 빨라지기 때문에 압력이 낮아지는지, 압력이 낮아지기 때문에 유속이 빨라지는지 고민하는 것은 의미가 없다. 중요한 것은 '상호작용에 의해 압력과 유속을 유지한다'는 사실이다. 양력이 순간적으로 발생했다가 사라져서는 실용성이 없다. 비행 중에 항공기의 무게를 꾸준히 지탱하기 위해서는 항공기의 무게와 동일한 크기의 양력을 계속 유지해야 한다.

유속과 기압경도

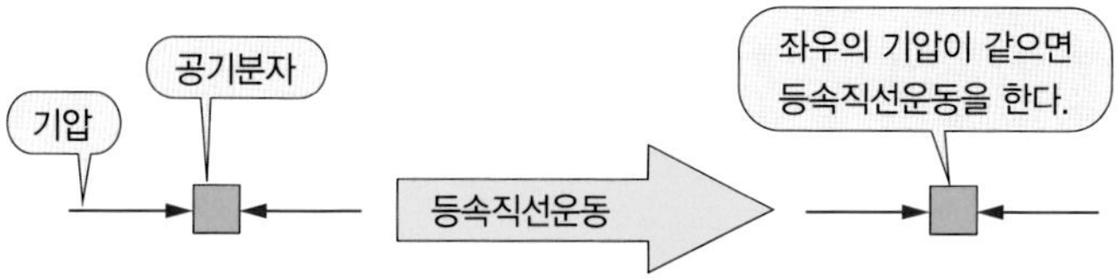

공기분자
기압
좌우의 기압이 같으면 등속직선운동을 한다.
등속직선운동

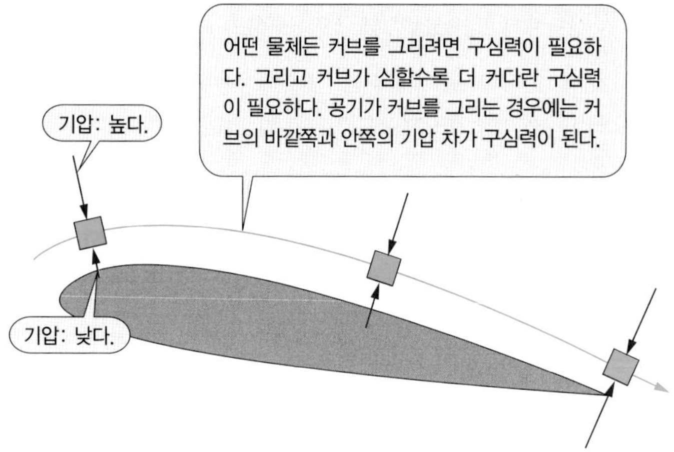

어떤 물체든 커브를 그리려면 구심력이 필요하다. 그리고 커브가 심할수록 더 커다란 구심력이 필요하다. 공기가 커브를 그리는 경우에는 커브의 바깥쪽과 안쪽의 기압 차가 구심력이 된다.
기압: 높다.
기압: 낮다.

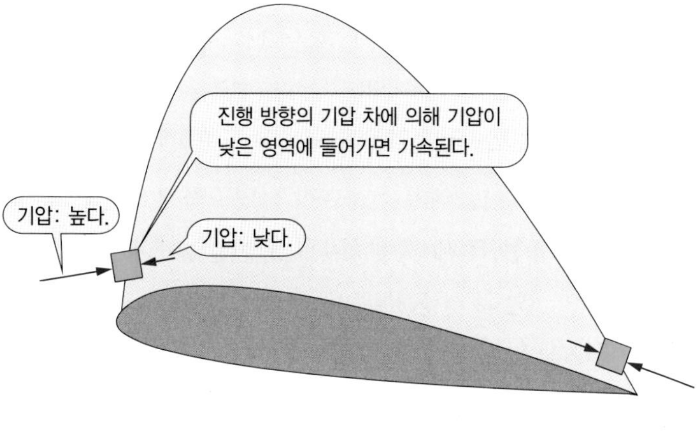

진행 방향의 기압 차에 의해 기압이 낮은 영역에 들어가면 가속된다.
기압: 높다.
기압: 낮다.

양력공식

동압과 순환이론

양력은 날개가 공기를 부드럽게 받아넘기면서 날개 윗면과 아랫면의 기압 차이로 인해 발생하는 힘이다. 날개가 공기에서 얻는 힘은 다음과 같다.

(날개가 공기에서 얻는 힘) = (동압) × (날개면적)

그리고 날개가 동압을 받아넘기는 방법에 따라, 다시 말해 날개의 모양이나 날개가 공기를 받아들이는 각도에 따라 양력의 크기가 변화하므로, 그 변화에 대응하는 계수를 양력계수라고 하면 다음과 같은 식이 성립한다.

(양력) = (양력계수) × (동압) × (날개면적)

이 공식은 항공역학은 물론 항공계의 여러 분야에서도 이용된다.

그러나 날개꼴에 작용하는 양력을 정량적으로 구하기 위해서 순환이론이 유용하다. 공에 회전을 주면 변화구를 던질 수 있다. 이는 공기의 점성에 의해 회전속도에 대응해 소용돌이가 발생하고, 공을 통과하는 속도에 차이가 생겨 힘이 발생하기 때문이다.

이 순환(circulation)을 이용한 것이 쿠타-주콥스키(Kutta-Zhukovskii)의 정리다. 날개꼴이 움직이면 그 주변으로 날개 윗면의 유속은 빨라지고 날개 아랫면의 유속은 느려지는 순환이 자연스럽게 발생하고, 양력은 공기밀도, 유속, 순환 등 세 가지 함수로 표현할 수 있다는 이론이다.

(양력) = (공기밀도) × (유속) × (순환)

이 이론에 따라 날개꼴에 작용하는 양력의 정확한 크기를 정량화할 수 있게 되었다(역자주: 와류(vortex)를 이용하여 양력을 계산하는 이론이다. 일명 와류이론(bound vortex)이라고도 한다).

양력의 식

$$L = C_L \frac{1}{2} \rho V^2 S$$

$$\underset{(\text{양력})}{L} = \underset{(\text{양력계수})}{C_L} \times \underset{(\text{동압})}{\frac{1}{2}\rho V^2} \times \underset{(\text{날개면적})}{S}$$

양력계수는 날개꼴 특유의 수치다. 또한 같은 날개꼴이라도 받음각에 따라 달라진다.

순환이론

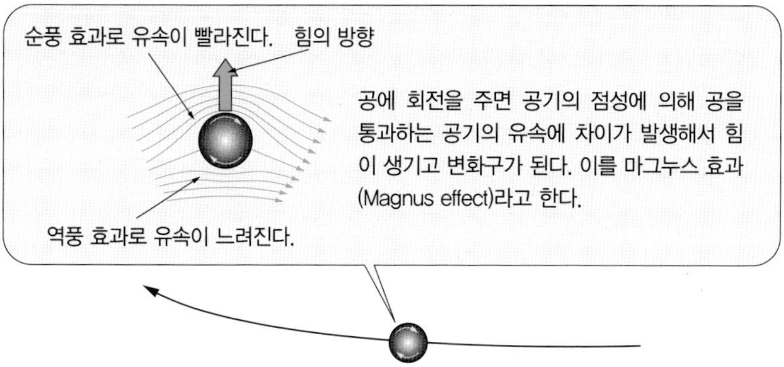

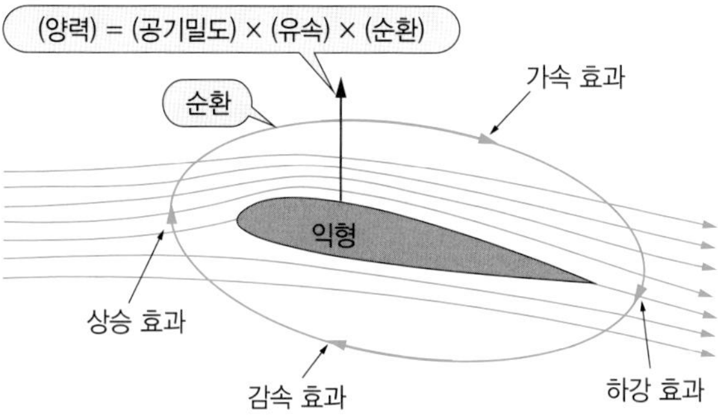

받음각과 양력계수

기본적으로는 직선적으로 비례한다

양력공식에서 양력은 공기밀도와 날개면적에 비례한다는 사실과, 공기밀도와 날개면적이 일정하더라도 받음각에 따라 양력계수가 변화해서 양력 역시 달라진다는 사실을 알 수 있었다. 받음각과 양력계수의 관계를 나타내는 곡선을 양력곡선이라고 한다. 여기에서 어떤 변화가 일어나는지 확인해보자.

캠버 날개꼴의 경우에는 받음각이 0 이하, 즉 항공기의 자세가 아래로 향해도 양력계수가 조금이나마 플러스가 되어 양력이 발생한다. 그러나 캠버가 0인 대칭날개꼴의 경우에는 받음각이 0이면 양력계수도 0이므로 양력이 발생하지 않는다. 예를 들어, 수직꼬리날개는 받음각이 0일 때는 양력이 발생하지 않는 것이 좋기 때문에 캠버가 0으로 되어 있다.

받음각을 서서히 늘리면 기본적으로는 양력계수가 직선적으로 변화한다. 받음각이 커질수록 양력계수가 커지는 이유는 흐름선의 커브가 커지는 것과 마찬가지로 날개 후방에서 하강 각도도 커지기 때문이다. 하지만 양력계수는 한없이 커지지 않는다.

특정 각도 이상이 되면 더 이상 공기가 날개 윗면을 따라 흐를 수 없게 되고 공기가 날개 윗면에서 떨어져 나가는 박리가 시작되기 때문에, 양력계수는 직선적으로 변화하지 않게 된다. 그리고 박리된 소용돌이 에너지를 지닌 공기가 기체 뒷부분이나 수평꼬리날개에 닿아 기체 전체를 덜컹덜컹 진동시키는 버핏이 발생한다. 받음각을 더 늘리면 양력계수가 최대치에 이른 후에는 급격히 감소할 뿐 아니라 항력도 급증하므로 항공기를 더 이상 지탱하지 못하고 실속하게 된다.

받음각과 양력계수

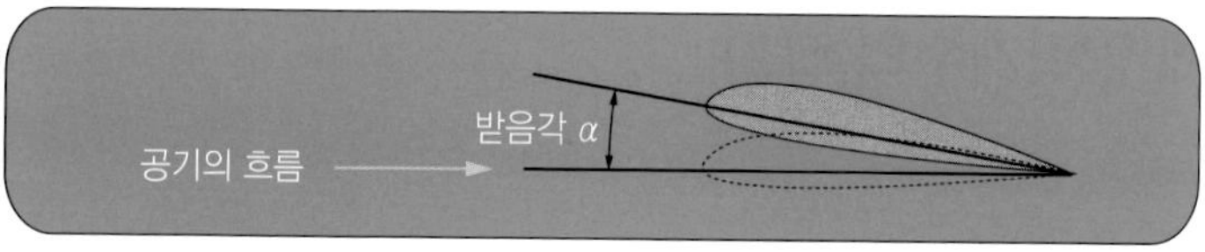
받음각 α
공기의 흐름

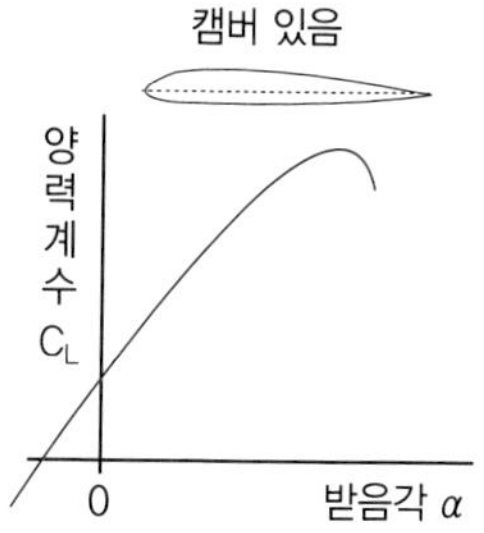
캠버 있음
양력계수 C_L
0
받음각 α

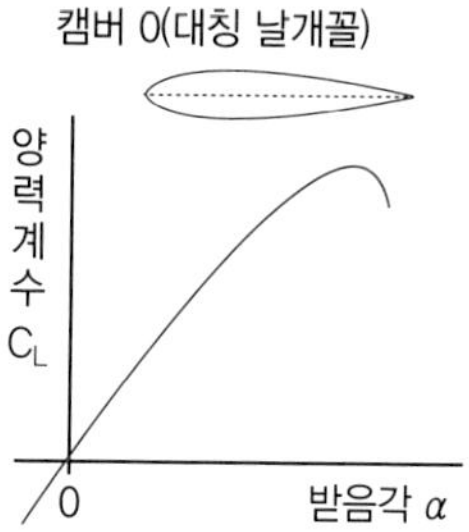
캠버 0(대칭 날개꼴)
양력계수 C_L
0
받음각 α

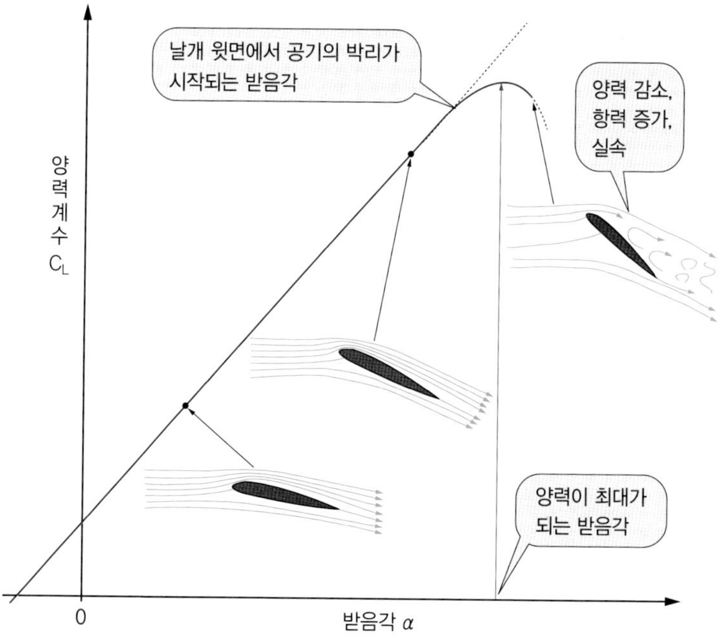
날개 윗면에서 공기의 박리가 시작되는 받음각
양력 감소, 항력 증가, 실속
양력계수 C_L
양력이 최대가 되는 받음각
0
받음각 α

양력계수를 구해보자

실제 양력계수의 크기

실제 양력계수는 어떻게 구할까? 예를 들어 보잉 747-200이 고도 10,000 m를 마하 0.83으로 비행할 때의 양력계수를 구해보자.

일단, 10,000 m 상공에서의 음속은 300 m/s다. 마하 0.83으로 비행하기 때문에 진대기속도 TAS의 값은 다음과 같다.

$$TAS = 300 \times 0.83 = 249\ \text{m/s}$$

또한 양력의 식에서 양력계수는 다음과 같다.

$$\text{양력계수} = (2 \times \text{양력})/(\text{공기밀도} \times \text{비행속도}^2 \times \text{날개면적})$$

순항 중에는 '양력' = '비행중량'이므로 양력은 250톤이고, 보잉 747의 날개면적은 511 m^2이며, 비행고도 10,000 m의 공기밀도는 0.0421 kg · s^2/m^4이다. 이를 대입하면 다음과 같은 값을 얻을 수 있다.

$$\text{양력계수} = (2 \times 250000)/(0.0421 \times 249 \times 249 \times 511) \fallingdotseq 0.375$$

이어서 착륙 태세에서의 양력계수를 구해보자. 예를 들어 진입속도 86 m/s(310km/h)에 고도 900 m를 유지하는 경우, 고도 900 m의 공기밀도는 0.1145이므로 다음과 같은 값을 얻을 수 있다.

$$\text{양력계수} = (2 \times 250000)/(0.1145 \times 86 \times 86 \times 511) \fallingdotseq 1.155$$

순항 중일 때에 비해 매우 커다란 값이다. 이는 플랩을 내렸기 때문이다. 비행속도가 순항 중일 때 3분의 1이 되어도 고양력 장치인 플랩을 내려서 받음각을 더욱 늘림으로써 1.155라는 커다란 양력을 얻어 250톤의 항공기를 지탱할 수 있는 것이다.

양력계수를 구하는 식

$$L = C_L \frac{1}{2} \rho V^2 S \quad \Rightarrow \quad C_L = \frac{2L}{\rho V^2 S}$$

비행고도 10,000 m, 마하 0.83에서의 양력계수

$$C_L = \frac{2 \times 250000}{0.0421 \times 249^2 \times 511} \fallingdotseq 0.375$$

비행고도 900 m, 진입속도 86 m/s에서의 양력계수

$$C_L = \frac{2 \times 250000}{0.1145 \times 86^2 \times 511} \fallingdotseq 1.155$$

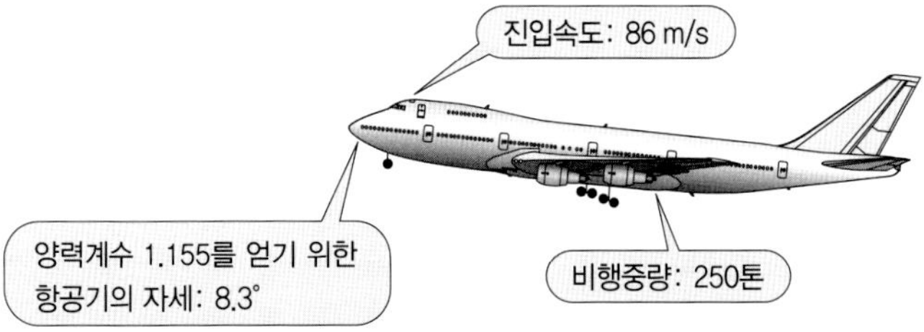

날개꼴의 종류

라이트형제 시절부터 변천

세계 최초로 동력 비행에 성공한 라이트형제 비행기의 날개꼴(익형)은 평판을 굽힌 모양이었다. 그러나 전연이 각져 있었기 때문에 항력이 컸다. 블레리오(Blériot)는 이를 개량해서 전연을 둥글게 만들었다. 그리고 1910년 이후에는 RAF(영국왕립항공협회), NACA(미국항공자문위원회, NASA의 전신)가 개발한 날개를 사용하게 되었다. 현재는 여러 날개꼴을 토대로 각 제작사가 독자적으로 개발한 날개꼴을 채택하고 있다.

슈퍼크리티컬 날개꼴(supercritical airfoil)은 윗면이 평면에 가깝고, 날개 후연 쪽으로 약간의 캠버를 두었으며, 날개 아랫면 후연에 커다란 곡률이 있는 것이 특징이다. 비행속도가 음속에 가까워지면 날개 윗면에서 공기 박리가 시작되어 항력이 급격히 증가하는 항력발산 현상이 발생한다. 항력발산이 시작되는 비행속도를 항력발산 마하수(Drag Divergence Mach Number)라고 한다. 이 날개꼴은 날개가 휘어지는 정도가 작기 때문에 충격파는 전연 부분에서만 비교적 약하게 발생한다. 따라서 공기의 박리도 잘 일어나지 않고 항력발산 마하수가 커지므로, 마하 0.80 전후로 비행하는 데 가장 적합한 날개꼴이다.

그리고 초기 항공기는 날개 접합부에서 날개 끝까지 일정한 모양이었지만, 현재는 날개 접합부에서 날개 끝으로 갈수록 모양이 달라진다. 날개 접합부에서는 항공기의 자세가 수평일 때도 받음각을 지니게 되고, 날개 끝으로 갈수록 받음각을 줄이기 위해 비틀어져 있어서 날개끝 실속에 대해 여유를 갖게 되었다. 예를 들어, 보잉 747의 날개 부착각도는 날개 접합부는 +2°인 데 비해, 날개끝은 −1.5°다.

날개꼴의 역사

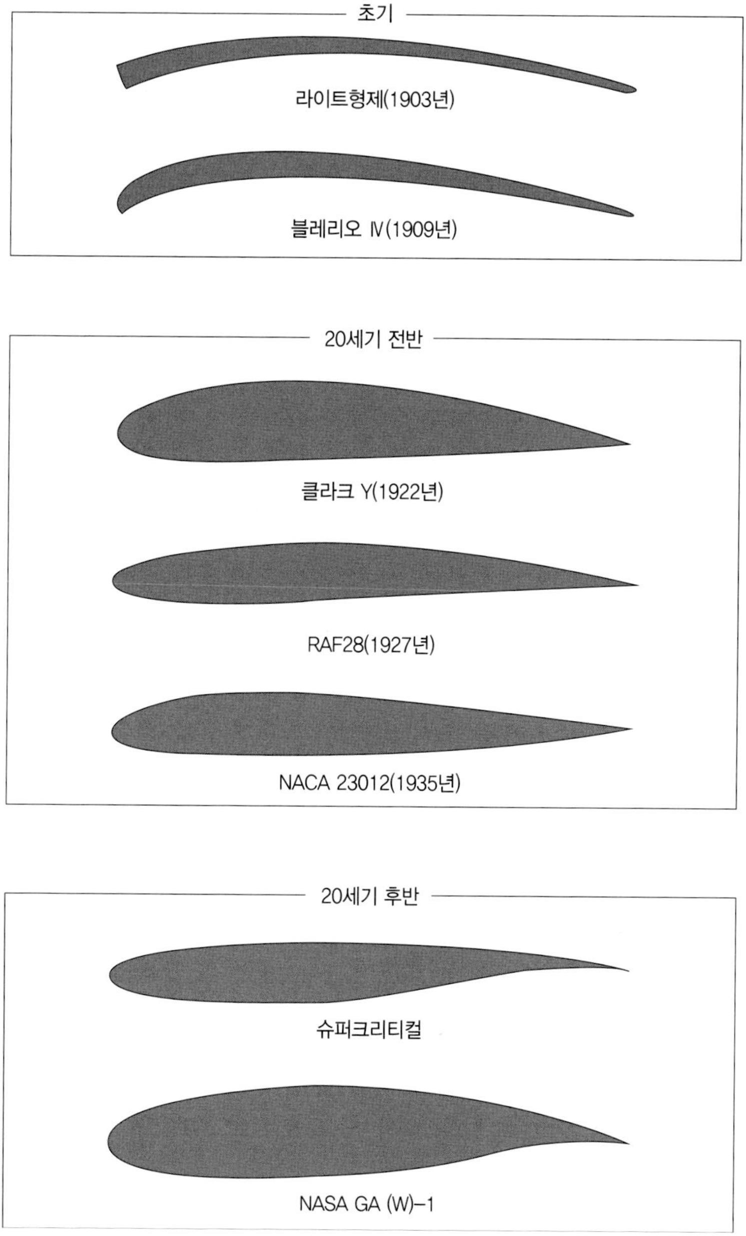

초기
라이트형제(1903년)
블레리오 Ⅳ(1909년)
20세기 전반
클라크 Y(1922년)
RAF28(1927년)
NACA 23012(1935년)
20세기 후반
슈퍼크리티컬
NASA GA (W)–1

날개 모양

위에서 본 날개 모양

이제는 날개를 위에서 본 여러 가지 모양과 각 모양의 특징을 확인해보겠다.

먼저 타원날개를 살펴보자. 타원날개는 모양이 타원에 가까워서 붙여진 이름이다. 타원날개는 양력 분포가 이상적이고, 유도항력(양력이 만들어내는 항력)이 작아서 역학적으로 우수하다. 그러나 구조가 복잡하고 제작 비용이 비싸다는 단점이 있어서 현재는 거의 사용하지 않는다.

직사각형날개는 날개끝의 양력이 크므로 날개 접합부의 강도가 높아야 하고, 유도항력이 크다. 그러나 제작하기가 비교적 간단하고 조종성도 좋으며 날개끝 실속도 잘 일어나지 않는다는 이유로 훈련기 등에 많이 사용된다.

테이퍼날개는 날개단으로 갈수록 가늘어지는 날개다. 날개끝의 현과 날개 접합부의 현이 이루는 비를 테이퍼비라고 하며, 테이퍼비가 작을수록 끝이 가느다란 날개가 된다. 날개 접합부에 작용하는 힘을 줄일 수 있는 등 강도와 경량화에 효과적인 모양이기 때문에 현재 가장 널리 채택하는 날개다. 또한 적당한 테이퍼비를 취하면 타원날개처럼 유도항력을 줄일 수 있다는 장점도 크다.

후퇴날개는 날개단을 향해 후퇴하는 날개로, 그 각도를 후퇴각이라고 한다. 후퇴각이 클수록 임계 마하수가 커지므로 천음속이나 초음속 영역을 비행하는 항공기는 후퇴각을 채택한다.

삼각날개는 후퇴각을 크게 부여할 수 있고 항력발산을 줄일 수 있어서 초음속기에서 널리 사용한다.

대표적인 날개 모양

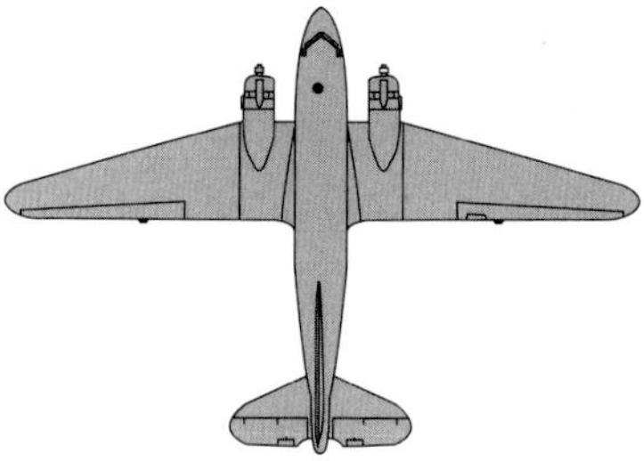

타원날개(DC-3)

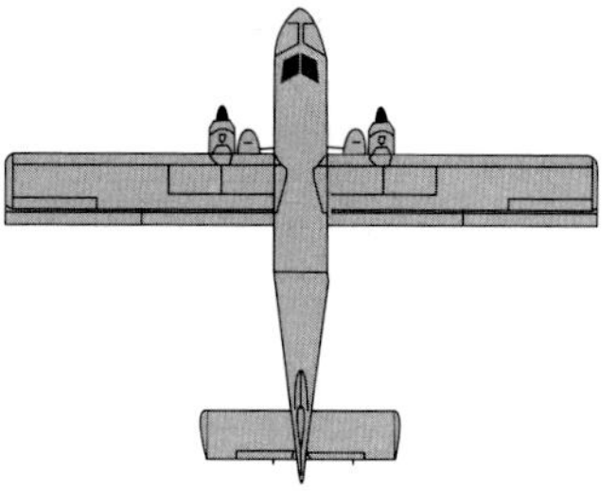

직사각형날개(N22)

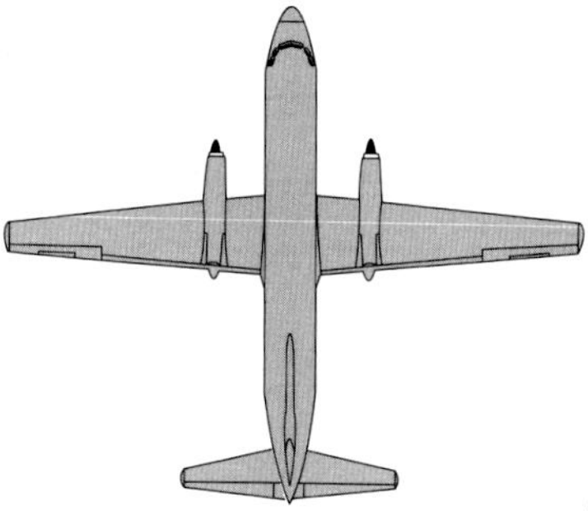

테이퍼날개(YS-11)

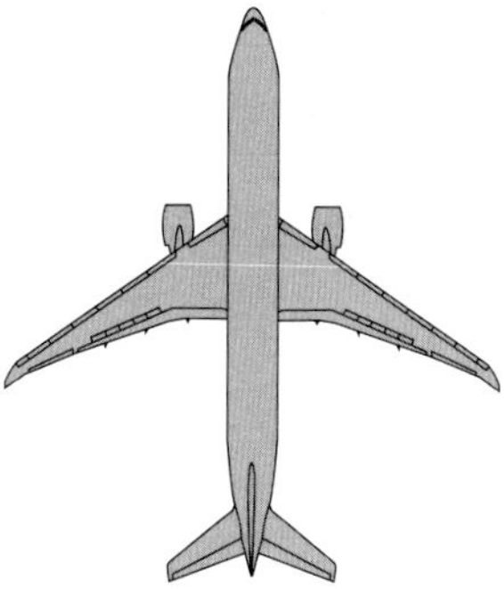

후퇴날개(B777)

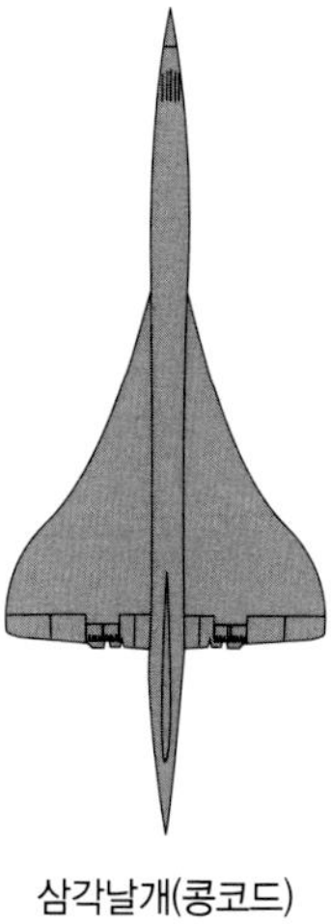

삼각날개(콩코드)

날개면적과 종횡비

양력과 직접 관련되어 있는 날개면적

이번에는 날개면적이나 후퇴각 등 날개의 특징을 나타내는 용어의 정의를 알아보자.

날개면적은 날개를 위에서 투영한 면적이며, 그림처럼 동체 부분도 포함한다. 일반적으로 기호 'S'로 표현한다. 그리고 한쪽 날개끝에서 반대쪽 날개끝까지의 거리를 날개폭이라고 하며, 보통 'b'로 표현한다. λ로 표현하는 테이퍼비는 날개 접합부의 현과 날개끝의 현이 이루는 비다. 또한 후퇴각 Λ는 날개 전연의 후퇴각이 아니라, 익현 4분의 1 라인의 후퇴각인 것에 주의해야 한다.

종횡비(aspect ratio)는 쉽게 말해 날개가 얼마나 가느다란지 알 수 있는 수치다. 직사각형 날개의 경우에는 날개의 세로와 가로의 길이가 단순하다. 그러나 테이퍼 날개에서는 단순한 종횡비로는 나타낼 수 없다. 그래서 종횡비를 AR, 날개폭을 b, 익현(chord)을 c라고 했을 때 **S = bc** 이므로 다음과 같은 식이 성립한다.

$$AR = b/c$$

따라서

$$AR = (b/c) \times (b/b) = b^2/bc = b^2/S$$

즉,

$$\text{종횡비} = (\text{날개폭})^2/(\text{날개면적})$$

종횡비가 커질수록 날개는 가늘고 길어진다는 뜻이다.

여담이지만, 텔레비전 방송 화면도 종횡비로 나타낸다. 아날로그 시대에는 4대3이었지만, 디지털 시대에 들어서 16대9가 되면서 가로가 길어졌다.

날개면적, 종횡비, 테이퍼비

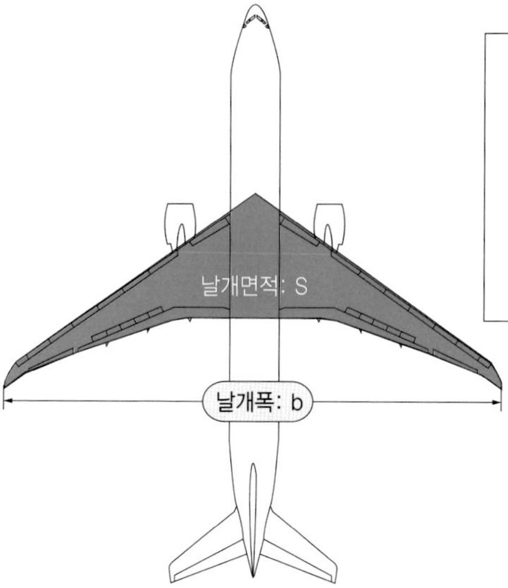

보잉 777의 예

날개면적: S = 427.8 m^2

날개폭: b = 60.9 m

종횡비: AR = 8.7

테이퍼비: λ = 0.15

후퇴각: Λ = 31.6°

종횡비: AR

$$AR = \frac{b^2}{S}$$

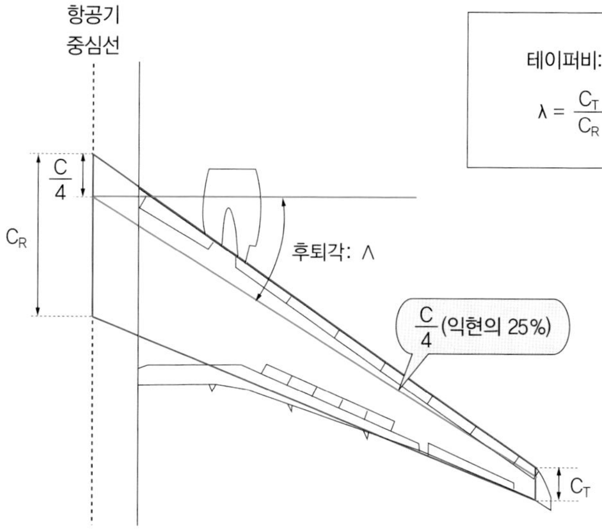

테이퍼비: λ

$$\lambda = \frac{C_T}{C_R}$$

양력 분포

양력과 실속

이번에는 날개에 따른 양력의 분포 상태를 살펴보고, 공기의 박리(separation)가 어떻게 확산되는지 알아보자. 오른쪽 그림에서 하늘색은 양력 분포, 붉은색과 주황색은 박리의 확산을 나타낸다.

타원날개(ellipse wing)는 날개끝으로 갈수록 양력이 줄어드는 분포를 이룬다. 날개 접합부 부근의 양력계수는 커지는 경향이 있으므로 받음각을 늘리면 우선 날개 접합부 부근부터 공기의 박리가 시작되어 전체로 퍼져나간다. 이 실속을 익근 실속이라고 한다.

직사각형날개(rectangular wing)는 날개끝으로 갈수록 양력이 줄어드는 정도가 타원날개보다 적기 때문에 날개 접합부의 강도가 문제가 된다. 날개를 동체 상부에 부착하고 받침대로 받쳐서 강도를 보강한다. 실속 특성은 타원날개와 마찬가지로 날개 접합부 부근에서 먼저 일어난다.

테이퍼날개(tapered wing)는 날개끝으로 갈수록 양력이 줄어드는 분포를 이루는데, 테이퍼비가 클수록 날개끝 부분의 양력계수가 커지는 경향이 있다. 그리고 후퇴날개이자 테이퍼날개인 경우에는 단순한 테이퍼날개보다 그런 경향이 더 강하다. 그러므로 받음각을 늘리면 공기의 박리는 날개끝에서 시작되어 전체로 퍼져나간다. 이를 날개끝 실속이라고 한다. 실속이 일어나면 횡운동 안정성을 잃을 뿐 아니라, 날개끝에 있는 보조날개(aileron)의 기능이 약해져서 스핀이 될 우려가 있다.

적절한 테이퍼비를 취하거나 날개끝에 비틀림을 주어 받음각을 줄이거나 저속으로 비행할 때 전연에 틈을 만들어주어(슬랫) 공기 흐름이 박리되지 않도록 하는 방법으로 보완한다.

양력과 실속

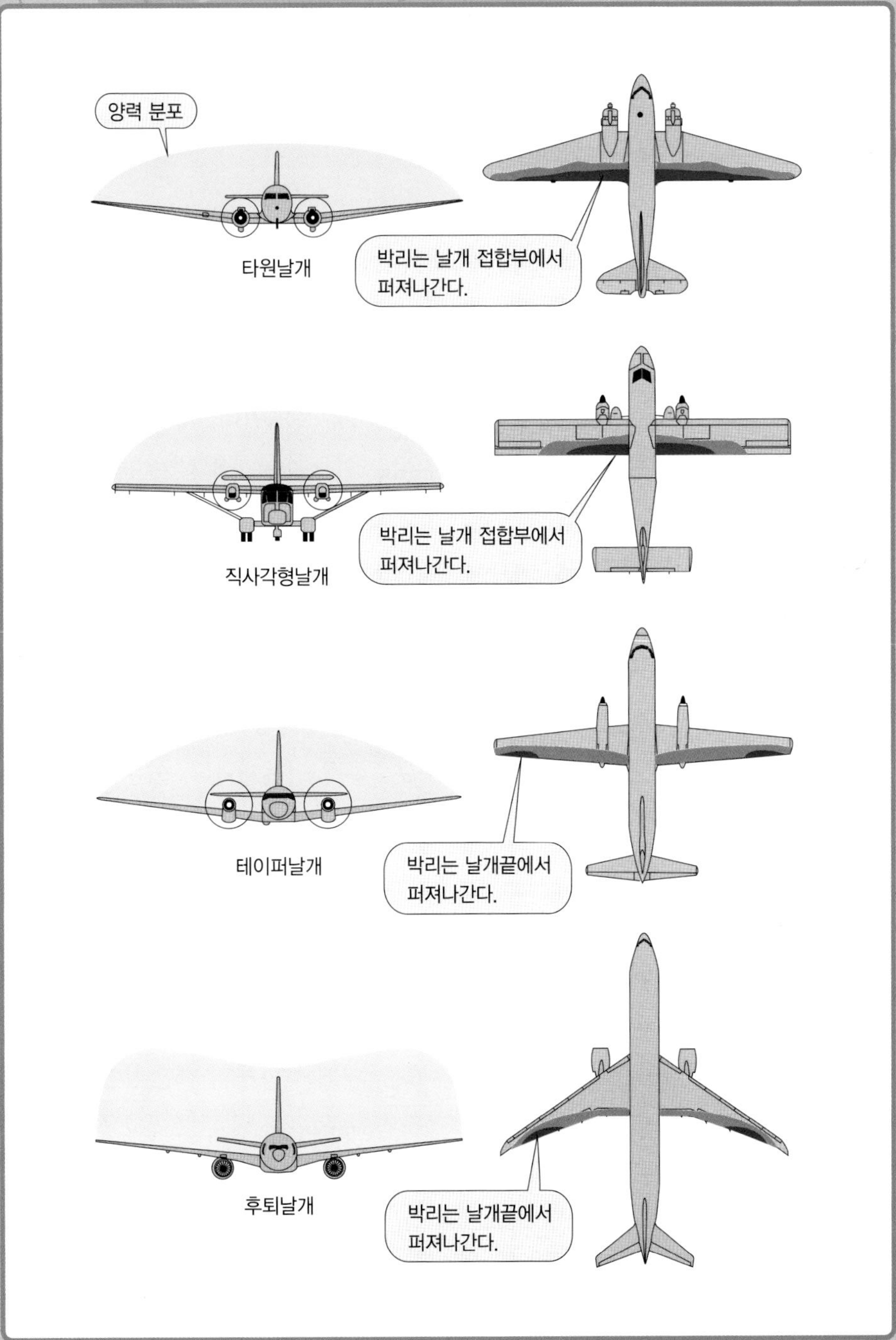
양력 분포
타원날개
박리는 날개 접합부에서 퍼져나간다.
직사각형날개
박리는 날개 접합부에서 퍼져나간다.
테이퍼날개
박리는 날개끝에서 퍼져나간다.
후퇴날개
박리는 날개끝에서 퍼져나간다.

항력이란?

양력과 동일한 식

항공기가 하늘을 날 때 공기로부터 받는 힘 중에, 비행진로에 대해 직각으로 작용하는 힘을 양력, 비행진로와는 반대 방향으로 작용하는 힘을 항력이라고 한다.

둘 다 공기로부터 받는 힘이므로 수식으로 살펴보면 각 계수의 차이만 있을 뿐이다. 그런데 항력은 항공기 전체의 문제인데, 왜 식으로 나타내는 것은 날개면적뿐일까? 그 이유는 양항비(항공기의 성능을 살펴보기 위해 필요한 양력과 항력의 비) 등 수식적으로 유익한 이용 방법이 많기 때문이다. 대략적으로 말하면, 항력의 크기는 항력계수의 크기로 결정되므로, 날개면적이 기체 전체를 대표할 수 있다고 생각하면 된다.

항력공식을 보면 항력의 크기는 비행속도에 비례해서 커진다고 추론할 수 있다. 물론, 비행속도에 비례해서 커지는 항력도 존재하지만, 반대로 비행속도가 느려지면 커지는 유도항력도 존재한다. 이는 저속에서 받음각을 늘려 양력계수를 키우면 에너지 손실이 크다는 의미다.

속도가 늘어날수록 커지는 해로운 항력이라는 뜻으로 유해항력이라고 불리는 항력은, 압력의 차이로 나타나는 압력항력(pressure drag)과 공기와의 마찰에 의해 나타나는 마찰항력(friction drag)이 있다. 실제로 작용하는 항력으로 자세히 구분하면 항공기의 형상에 의한 형상항력, 충격파 발생에서 기인하는 조파항력(wave drag), 날개와 동체의 결합 부분 등에서 기류의 간섭으로 나타나는 간섭항력(interference drag), 그리고 안테나나 받침대 등에 의한 항력 등이 있다. 각 항력계수를 합한 것이 항공기에 작용하는 총항력의 항력계수가 된다.

항력이란?

$D = C_D \frac{1}{2} \rho V^2 S$

D (항력) = C_D (항력계수) × $\frac{1}{2} \rho V^2$ (동압) × S (날개면적)

항공기에 작용하는 공기의 힘	⇨	양력: 비행경로에 대해 수직으로 작용하는 힘 항력: 비행경로에 대해 반대 방향으로 작용하는 힘

순항

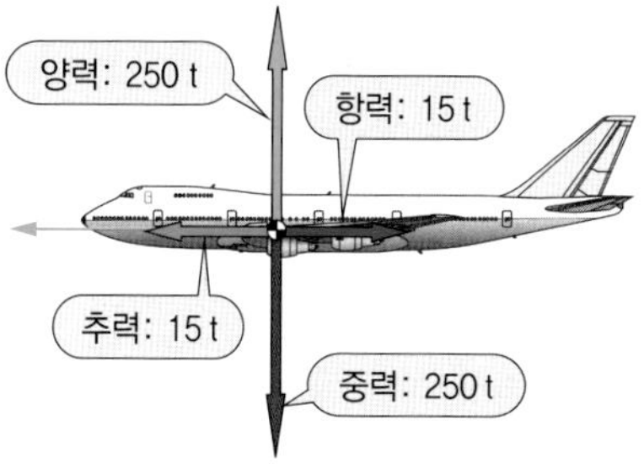

상승

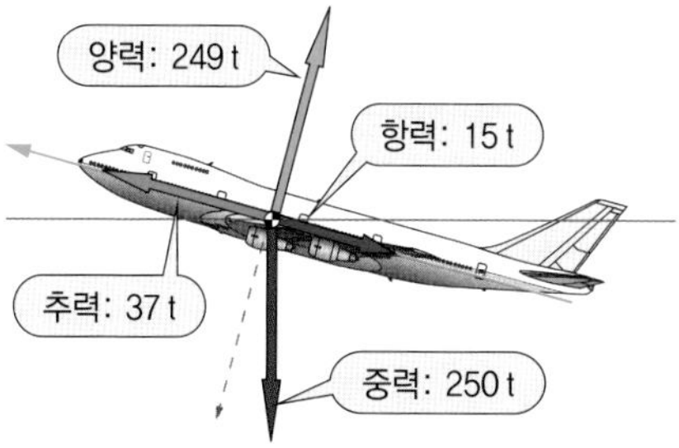

하강

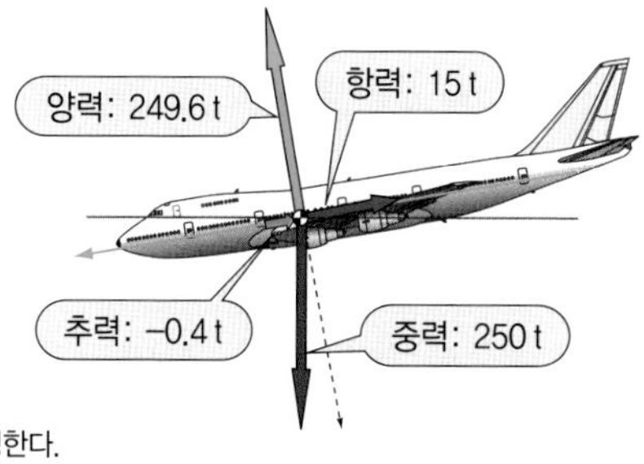

※ 제6장에서 자세하게 설명한다.

유도항력

항공기가 한 일

양력은 가만히 있던 공기를 억지로 운동시킨 데 대한 공기의 반작용으로 얻는 힘이라고 생각할 수 있다. 또한 항력은 항공기의 진행을 방해하는 힘으로, 항력을 극복하기 위해서는 추력이 필요하다.

타원날개의 경우는, 후방으로 하강하는 공기 흐름이 일정하므로 단위시간당 후방으로 하강하는 공기의 유량은 익폭을 지름으로 하는 원을 통과하는 유량과 같다. 따라서 공기를 하강시킨 데 대한 반작용으로서의 양력은 오른쪽 페이지의 식으로 나타낼 수 있다.

그리고 날개에 의해 하강된 공기가 지니는 단위시간당 에너지는 항공기가 힘을 발휘해서 단위시간당 해낸 일의 결과다. 즉, 항공기가 한 일은 항력을 극복하는 추력으로 전진하면서, 공기를 후방으로 하강시킨 것이다.

물리학적으로 보면 일은 (추력) × (거리)이지만, 단위시간당 일이므로 (추력) × (속도)가 된다. 항공기는 항력을 극복하고 일정 속도를 유지하는 일을 했으므로, (추력) × (속도) = (항력) × (속도)가 된다.

이처럼 일정한 속도를 유지하며 비행할 때의 '항력 = 추력'이라는 관계에서 항력을 필요항력이라고도 부른다.

항공기가 추력에 의해 극복한 항력을 유도항력(induced drag)이라고 하며 다음과 같은 관계가 성립한다.

$$(\text{유도항력}) = (\text{양력})^2/\{(\text{동압}) \times (\text{원주율}) \times (\text{날개폭})^2\}$$

다만, 이는 타원날개의 유도항력이므로 일반적인 날개에 적용하려면 날개폭 효율계수 e를 분모에 넣어야 한다.

유도항력

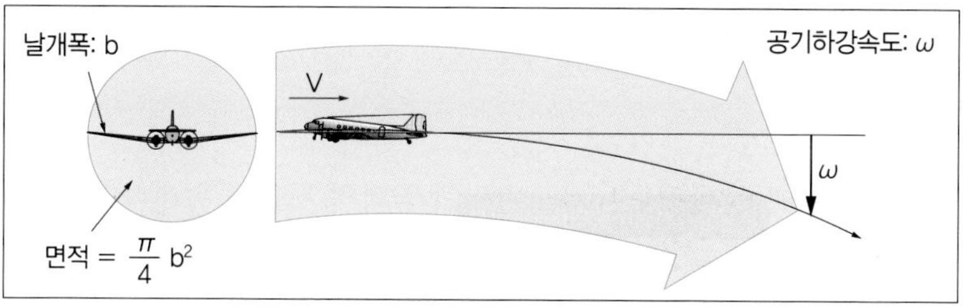

$$(\text{양력}) = \frac{\text{질량}}{\text{단위 질량}} \times (\text{공기하강속도})\text{이므로}$$

$$L = \left(\rho \frac{\pi}{4} b^2 V\right)\omega$$

하강된 공기의 단위시간당 운동에너지는

$$\frac{1}{2}(\text{공기의 질량}) \times (\text{공기하강속도})^2$$

$$= \frac{1}{2}\left(\rho \frac{\pi}{4} b^2 V\right)\omega^2$$

공기를 하강시키기 위해 항공기가 한 단위시간당 일은

(추력) × (속도) = (항력) × (속도)이므로

$$DV = \frac{1}{2}\left(\rho \frac{\pi}{4} b^2 V\right)\omega^2$$

$$D = \frac{1}{2}\left(\rho \frac{\pi}{4} b^2\right)\omega^2$$

양력의 식으로 얻은 ω를 대입하면

$$D = \frac{1}{2}\left(\rho \frac{\pi}{4} b^2\right)\frac{L^2}{\left(\rho \frac{\pi}{4} b^2\right)^2 V^2}$$

$$\therefore D = \frac{L^2}{\left(\frac{1}{2}\rho V^2\right)\pi b^2}$$

$$(\text{유도항력}) = \frac{(\text{양력})^2}{(\text{동압}) \times (\text{원주율}) \times (\text{날개폭})^2}$$

유도항력계수

항력계수로 알 수 있는 것

앞 항목에서 살펴봤듯이 유도항력이 양력의 제곱에 비례한다는 것은 양력을 유지하기 위해 받음각을 늘릴수록 유도항력이 커진다는 뜻이다. 즉, 비행속도가 느려질수록 항공기의 무게를 유지하기 위해 막대한 엔진의 힘이 필요하게 되고, 에너지 손실이 그만큼 크다고 할 수 있다.

이 유도항력을 조금 더 자세히 살펴보기 위해 유도항력계수를 구해보자. 다음 페이지의 그림처럼 유도항력의 식에 양력의 식과 항력의 식을 각각 대입하면 유도항력계수 C_{Di}는 다음과 같다.

$$C_{Di} = (\text{양력계수})^2/\{(\text{날개폭 효율계수}) \times (\text{원주율}) \times (\text{종횡비})\}$$

이 식에서 유도항력을 줄이는 방법으로서는 날개폭 효율계수를 타원날개와 동일한 1.0에 가까워지도록 하는 방법과 종횡비를 늘리는 방법 등 두 가지가 있음을 알 수 있다.

적절한 테이퍼비를 취함으로써 타원날개에 가까워지도록 만들 수 있다. 또한 종횡비를 늘리면 유도항력을 줄이는 것이 가능하다. 그러나 종횡비를 늘리면 양력계수도 커지므로 유도항력 역시 커질 수 있으며 날개가 가늘고 길어짐으로써 강도와 익내 연료탱크 용량 및 무게중심 위치가 문제가 되고, 그리고 공항시설의 넓이 등도 고려해야 한다.

제트 여객기의 경우, 순항 중의 총항력 가운데 45% 정도가 유도항력이다. 유도항력을 줄이면 연료 소비가 줄어들기 때문에 종횡비를 늘린 것과 동등한 효과를 얻을 수 있는 윙릿(winglet)이나, 주날개 후퇴각 이상의 각도를 날개끝에 부여하는 경사날개끝(raked wing chip) 등의 장치를 날개끝에 장착해서 유도항력을 줄이는 방법을 고려할 수 있다.

유도항력계수

$$(\text{유도항력}) = \frac{(\text{양력})^2}{(\text{익폭효율계수}) \times (\text{동압}) \times (\text{원주율}) \times (\text{익폭})^2}$$

유도항력 Di, 유도항력계수 C_{Di}, 익폭효율계수 e라고 하면

$$Di = \frac{L^2}{e\left(\frac{1}{2}\rho v^2\right)\pi b^2}$$

양력 $L = C_L \frac{1}{2}\rho V^2 S$, 항력 $Di = C_{Di}\frac{1}{2}\rho V^2 S$를 대입하면

$$C_{Di}\frac{1}{2}\rho V^2 S = \frac{\left(C_L \frac{1}{2}\rho v^2 S\right)^2}{e\left(\frac{1}{2}\rho v^2\right)\pi b^2}$$

$$C_{Di} = \frac{C_L{}^2 S}{e\pi b^2}$$

$$= \frac{L^2}{e\pi\left(\frac{b^2}{S}\right)}$$

여기에서 $\frac{b^2}{S}$ 는 종횡비 AR이므로

$$C_{Di} = \frac{C_L{}^2}{e\pi AR}$$

$$(\text{유도항력계수}) = \frac{(\text{양력계수})^2}{(\text{익폭효율계수}) \times (\text{원주율}) \times (\text{종횡비})}$$

* 익폭효율계수 e: 타원날개 e = 1.0, 그 외의 날개 e = 0.85~0.95

날개끝 소용돌이와 유도항력

소용돌이와 유도항력의 관계

항공기가 양력을 생성하기 위해 극복해야 할 항력이 유도항력(induced drag)이다. 이번에는 방정식이 아니라 그림을 이용해서 유도항력이 무엇인지 다시 한 번 설명한다.

날개가 양력을 생성할 때는 날개 윗면의 기압이 날개 아랫면에 비해 낮아진다. 그러므로 날개끝에서는 기압이 높은 아랫면에서 기압이 낮은 윗면으로 공기 흐름(upwash)이 발생한다. 그 흐름은 날개를 통과하는 공기의 영향을 받아 소용돌이가 되어 후방으로 흘러간다. 양력을 생성하기 위해 날개가 만드는 압력 차는 날개끝에서 소용돌이(wing tip vortex)까지 일으키는 셈이다.

양력은 날개끝 소용돌이에 유도되어 하강된 공기에 대해 직각으로 발생하므로, 오른쪽의 그림과 같이 날개 전방에서 불어오는 기류에 의한 양력보다 후방으로 쏠린다. 이 후방으로 쏠리게 하는 힘이 유도항력이다. 공기의 하강 각도가 클수록 양력이 커지며, 그에 비례해서 유도항력도 커진다는 사실을 알 수 있다.

즉, 유도항력은 양력의 대가로 발생하는 항력이라고 할 수 있다. 날개가 길고 가느다랄수록 날개끝 소용돌이의 영향이 적으므로 유도항력은 작아진다. 따라서 유도항력은 종횡비에 반비례한다.

날개끝 소용돌이의 에너지는 매우 강하다. 항공기가 통과하고 몇 분이 지나더라도 그 후류(後流)에 들어서면 심하게 흔들리는 경우가 있다. 날개끝 소용돌이를 피하기 위해서 최대 이륙 중량에 따라 중(Heavy, 13.6톤 이상), 중간(Midium, 7~13.6톤 미만), 경(Light, 7톤 이하) 등 세 가지로 구분하여 이착륙 시의 항공기간 거리 간격을 설정한다.

날개끝 소용돌이

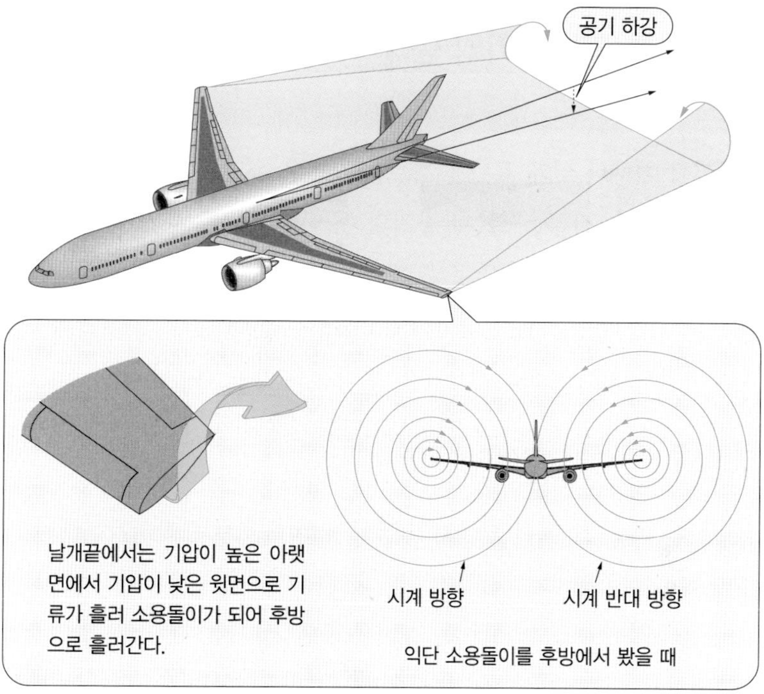

유도항력

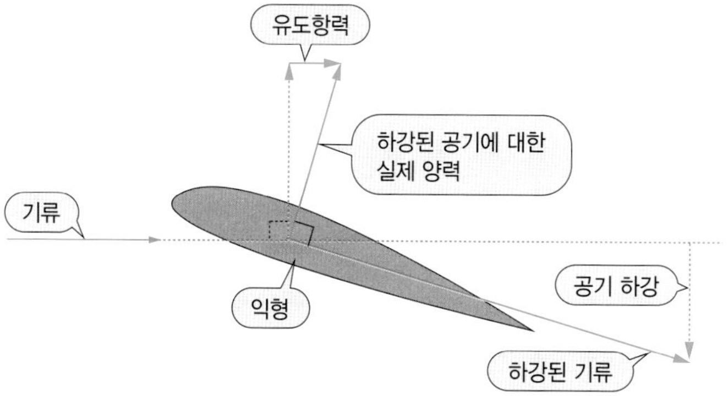

경계층이란?

공기의 점성과 공기의 층

공기가 기체나 날개 표면을 흐르는 모습을 설명한다.

작은 곤충은 하늘을 날 때 공기의 끈적함을 느낄 수 있을지도 모른다. 이 끈적함을 어려운 말로 표현하면 점성(viscosity)인데, 공기 분자·입자 간의 인력에 의해 발생한다. 이 점성 때문에 비행 중인 기체 표면에 붙어있는 공기의 속도는 0이다. 부착된 공기는 점성에 의한 힘(전단응력) 때문에 주변의 공기속도를 0으로 만들려고 한다. 그 영향을 받은 공기는 속도 0까지 되지는 않더라도 어느 정도 감속되어 속도경사(velocity gradient)를 이룬다. 이처럼 공기의 점성에 의해 흐르는 속도가 영향을 받는 몇 mm에서 몇 cm까지의 영역을 경계층이라고 한다.

이 경계층 가운데, 점성력이 강해서 표면을 따라 흐트러짐 없이 흘러 속도경사가 큰 층을 층류 경계층이라고 한다. 반면에, 흐름의 관성력이 강해져서 흐트러진 공기가 서로 에너지를 교환함으로써 속도경사가 평균화되어 표면 가까이에서도 속도가 커지는 층을 난류 경계층이라고 한다. 다만, 모든 난류 경계층이 난류는 아니다. 난류에 눌려 얇은 층류 저층이 표면 가까이에 형성되는 경우도 있다.

경계층은 박리나 항력의 크기에 영향을 주므로, 경계층이 층류인지 난류인지 알기 위해 관성력과 점성력의 비, 즉 레이놀즈수(Reynold's number)를 사용한다. 점성력에 지배되는 흐름은 층류가 되고, 관성력에 지배되는 흐름은 난류가 된다. 그리고 층류에서 난류로 이행할 때의 레이놀즈수를 임계 레이놀즈수(critical Reynold's number)라고 한다.

경계층과 레이놀즈수

$$\text{레이놀즈수} = \frac{\text{관성력}}{\text{점성력}}$$

레이놀즈 최대: 공기 흐름의 관성력이 지배
레이놀즈 최소: 공기의 점성력이 지배

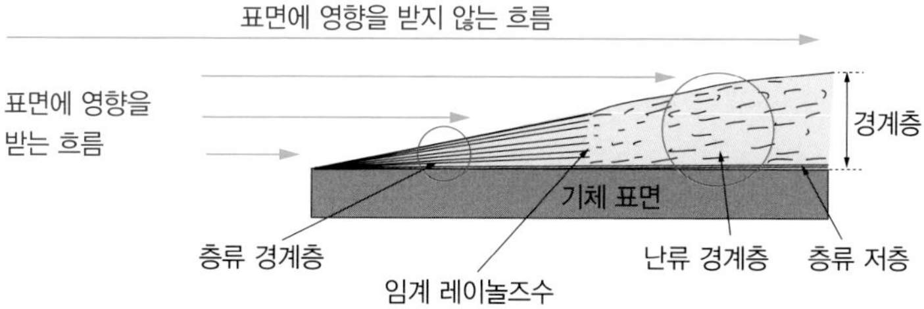

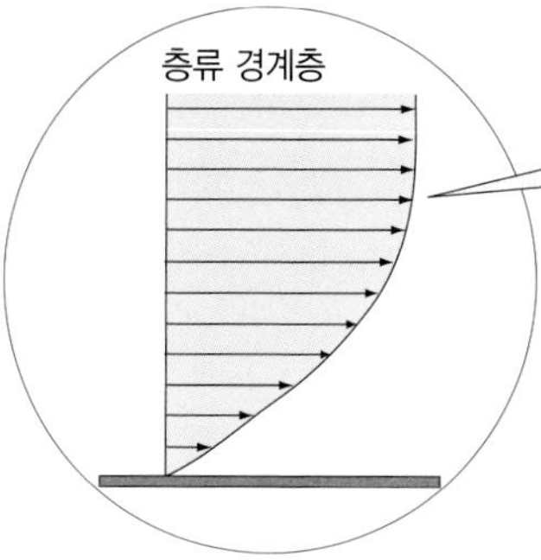

층류 경계층: 공기는 흐트러짐 없이 기체 표면을 따라 흐른다. 난류에 비하면 표면에서 박리하기 쉬운 성질이 있다.

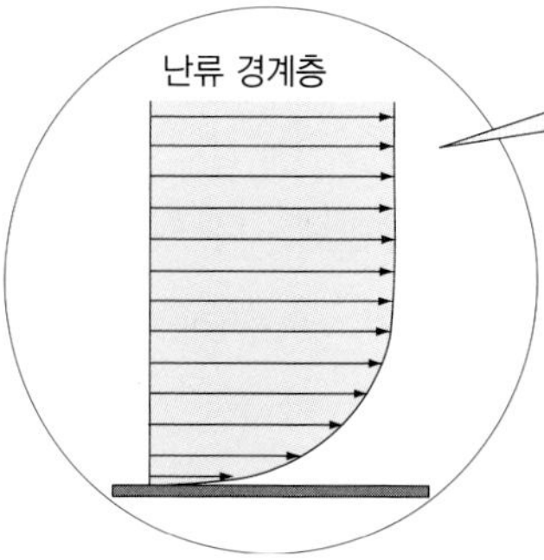

난류 경계층: 공기가 흐트러지면서 흘러서 층류 경계층에 비하면 두꺼워진다. 층류 경계층에 비해 표면에서 잘 박리하지 않는 성질이 있다. 모두 난류가 아니라, 표면 가까이에 층류 저층이 존재한다.

형상항력과 마찰항력

점성이 항력을 낳는다

이번에는 구체와 유선형의 경우를 예로 들어 경계층과 항력의 관계에 관해 알아보자.

구체의 경우에는 커다란 커브를 그리며 정압이 저하되는 상태에서 경계층의 하층 부분이 구체의 곡선을 따라 흐르지 못해 역류하고, 표면에서 박리해서 소용돌이가 발생한다. 그 때문에 구체 뒤쪽의 정압은 전방에 비해 낮아진다. 매우 작은 압력의 차이로도 큰 힘이 나타나, 항력으로 작용한다.

유선형의 경우에는 공기의 박리가 뒤쪽에서 약간 발생하는 정도이므로 앞뒤의 압력 차는 별로 없고, 항력은 작게 작용한다. 이처럼 형상에 따라 항력의 크기가 달라지므로 형상항력(profile drag), 또는 압력 차에 의한 항력이므로 압력항력(pressure drag)이라고 부른다.

그리고 점성에 지배되는 층류층에 비해, 흐르는 관성에 지배되는 난류층이 잘 박리되지 않는 성질을 지닌다. 이 성질을 이용한 것이 주날개나 꼬리날개의 표면에 장착된 작은 판 모양의 소용돌이 생성기이다. 소용돌이 생성기로 경계층을 난류층으로 만듦으로써 주날개나 꼬리날개에서 공기가 박리되는 것을 막는다.

마찰항력은 표면에 닿은 공기가 주변 공기를 끌어당기는 힘, 어렵게 말하면 전단응력에 의한 항력이다. 따라서 형상항력보다 훨씬 작은 항력이 된다. 마찰항력은 경계층의 영향을 받는데, 층류층은 박리를 잘 일으키는 대신에 마찰항력은 작아지고, 난류층은 박리를 잘 일으키지 않는 대신에 마찰항력은 커진다.

형상항력(압력항력)

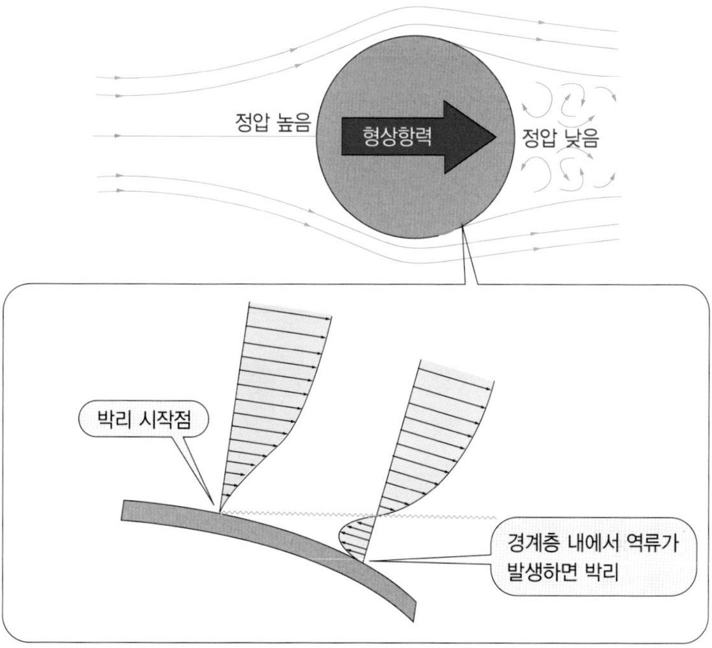

마찰항력

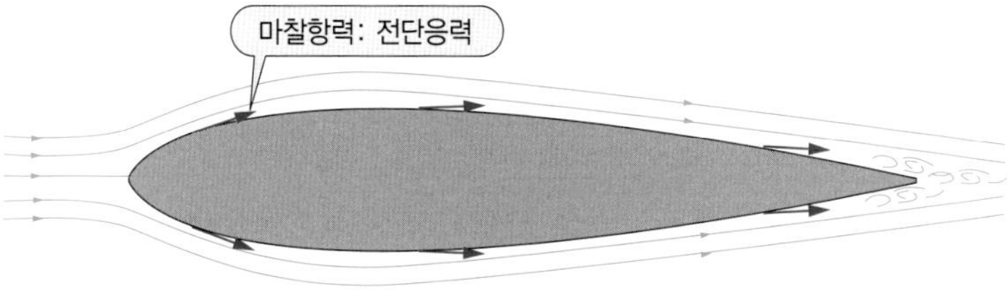

장단비와 항력
장단비란?

이번에는 기체의 형상과 항력의 관계 및 간섭항력에 관해 알아보자. 유선형 물체와 항력의 관계를 알기 위해서는 최대 지름과 길이의 비, 즉 장단비를 파악해야 한다. 다음 페이지의 그래프처럼 장단비 2.5 이하에서 항력계수가 급증하는 이유는 유선형이 아닌 구체에 가까워져서 박리가 발생하고 형상항력이 증가하기 때문이다. 다시 말해, 장단비 2.5 이하에서는 형상항력이, 장단비 2.5를 초과하면 마찰항력이 주요 항력이 된다.

일반적인 제트 여객기의 장단비는 10 전후다. 장단비가 1.0인 경우, 즉 구체에서는 항력계수가 0.3이나 되는 데 비해, 장단비가 9.0 이상이 되면 항력계수는 0.003으로 매우 작아진다.

아무리 마찰항력이 작더라도 주날개나 기체의 표면은 매끄러워야 한다. 예를 들어, 기체에 눈이나 서리가 붙어 있으면 마찰항력이 매우 커진다. 특히 날개 윗면에 조금이라도 눈이 쌓이면 항력이 늘어날 뿐 아니라 양력 생성에도 커다란 지장이 있으므로, 날개 윗면에 눈이나 서리가 조금이라도 쌓이면 반드시 제거해야 한다.

주날개와 동체의 결합 부분 또는 주날개와 엔진의 결합 부분처럼 공기 흐름이 달라지는 부분에서 발생하는 항력을 간섭항력(interference drag)이라고 한다. 간섭항력은 기류가 서로 간섭할 때 각각의 항력을 합한 것보다 크다. 그래서 주날개와 동체의 결합 부분에는 필릿(fillet: 매끄럽게 처리함)으로 간섭을 막는다. 엔진과 주날개의 결합 부분인 파일런(pylon)이나 엔진 커버인 너셀(nacelle)에도 공기역학적으로 매끄럽게 처리하여 간섭을 막는다.

항력계수와 장단비

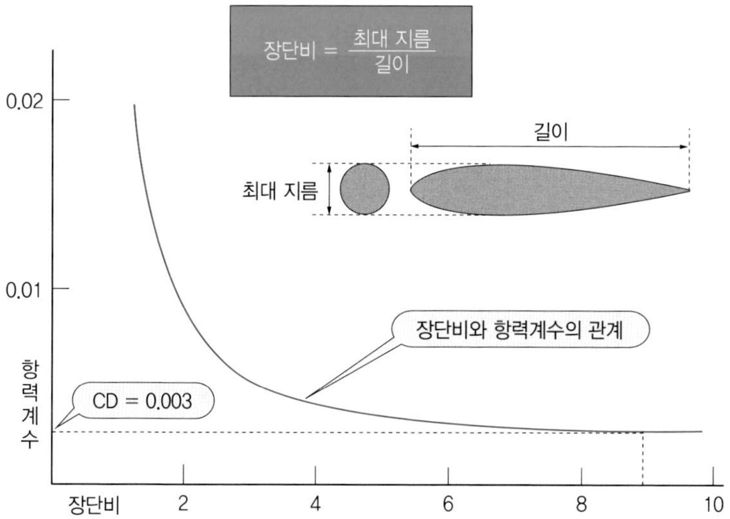

간섭항력

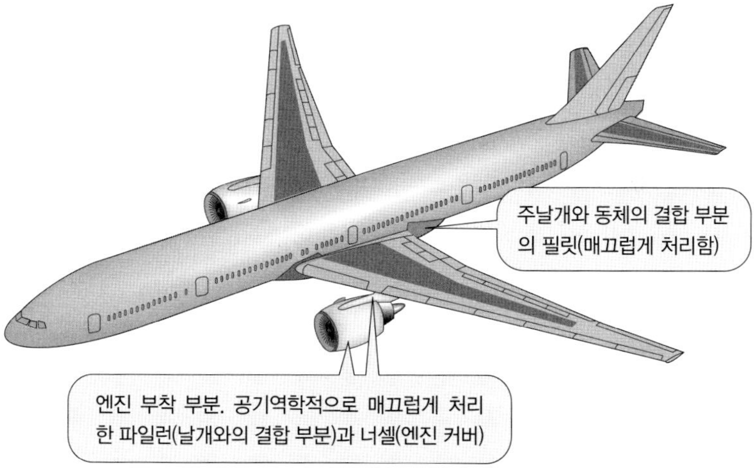

조파항력

충격파에 의한 항력의 급격한 증가

형상항력과 마찰항력이 공기의 점성에 의해 생기는 항력이라면, 조파항력은 공기의 압축성에 의해 생긴다.

아음속 영역을 비행하는 경우에는 공기의 압축성을 고려할 필요가 없다. 그러나 천음속 영역에서는 음속을 넘어서는 부분에 공기가 압축되어 충격파가 발생한다. 배가 일으킨 파도가 뱃머리에 모이듯이, 항공기가 일으킨 공기의 파도가 압축되어 충격파가 되는 것이다. 더 가속하면 날개 아랫면에도 충격파가 발생한다.

충격파의 앞뒤에서는 유속이나 압력 등이 크게 변한다. 충격파의 전방은 초음속 영역인데, 충격파를 지나면 음속 이하가 되고 정압도 높아진다. 이런 충격파 앞뒤의 압력 차가 큰 항력을 일으킨다. 조파항력은 공기가 압축되어 만들어진 파도에 의해 생기는 항력이라는 뜻이다. 유도항력, 형상항력, 마찰항력 등 다른 항력보다 큰 항력이다. 그리고 강한 충격파에 의해 항력이 급격히 커지는 속도를 항력발산 마하수(Drag Divergence Mach Number)라고 한다.

예를 들어, 보잉 747-200은 임계 마하수 0.86에서 항력계수 C_D = 0.028인 데 비해, 항력발산 마하수 0.88이 되면 항력계수 C_D는 0.002나 급증해서 0.030이 된다. 항력이 급격히 증가하므로 추력을 최대로 해도 이 항력을 극복할 수 없을 뿐 아니라, 충격파 실속을 일으킬 가능성도 있다.

날개에 발생하는 충격파와 마하수

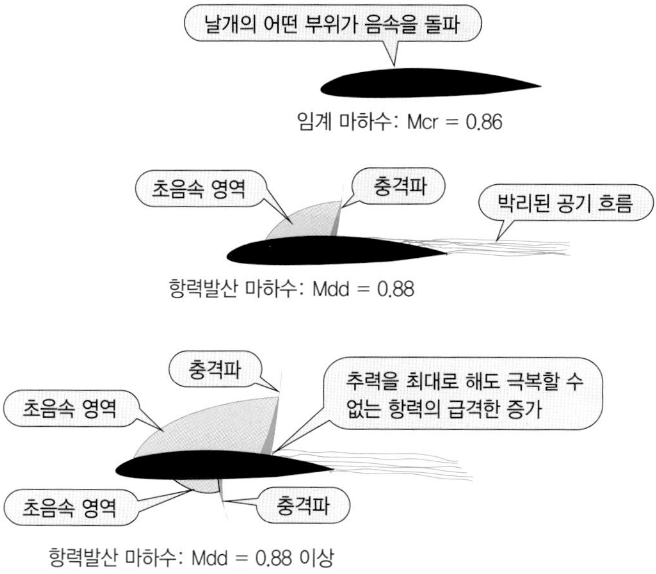

항력과 마하수

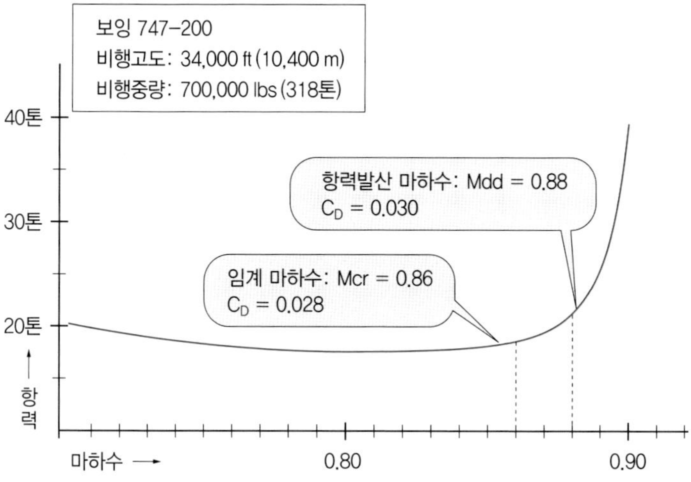

후퇴각과 임계 마하수

빠르게 날아가는 항공기일수록 후퇴각이 크다

천음속을 비행하는 항공기는 후퇴각을 채택한다. 그 이유는 고속으로 비행할 때의 항력이 커지지 않도록 하기 위해서다. 왜 후퇴각을 채택하면 항력을 억제할 수 있는지 알아보자.

고속으로 비행할 때는 양력을 생성하기 위한 속도가 충분하므로 날개 윗면을 흐르는 공기의 속도가 음속을 넘지 않도록 하는 것이 중요하다. 즉, 임계 마하수를 늘림으로써 항력발산 마하수를 높게 할 수 있다. 그러기 위해서는 날개를 최대한 얇게 만드는 것이 유리하다. 그러나 날개가 얇아지면 날개의 강도에 문제가 생길 수 있다.

그래서 날개끝 방향으로 날개를 후퇴시키는 방법을 고안했다. 후퇴각으로 만들면 실제 날개 두께는 두꺼워도, 공기역학적인 날개 두께는 얇아지고 익현이 길어진다. 따라서 날개 윗면을 통과하는 유속도 느려지므로 임계 마하수를 높일 수 있다. 또한 속도 성분을 다음 페이지의 그림처럼 세 방향으로 나눌 수 있고, 후퇴각이 없는 경우의 임계 마하수 $M_{cr(0)}$과 후퇴각 Λ의 임계 마하수 $M_{cr(\Lambda)}$의 관계는 그림과 같은 식이 된다.

예를 들어, 후퇴각 31.6°인 보잉 777의 임계 마하수를 0.87이라고 하면, 후퇴각이 없는 경우의 임계 마하수는 0.74로 매우 늦어진다. 그리고 마하수 0.74 이상으로 비행하면 매우 큰 항력이 나타난다. 다만, 이는 어디까지나 2차원 날개를 가정해서 생각하는 경우이며, 실제 날개에서의 후퇴각의 효과는 이보다 조금 작다고 알려져 있다.

후퇴각 37.5°의 보잉 747과 달리, 속도보다 경제성을 중시하는 항공기의 후퇴각은 30° 전후다.

후퇴각

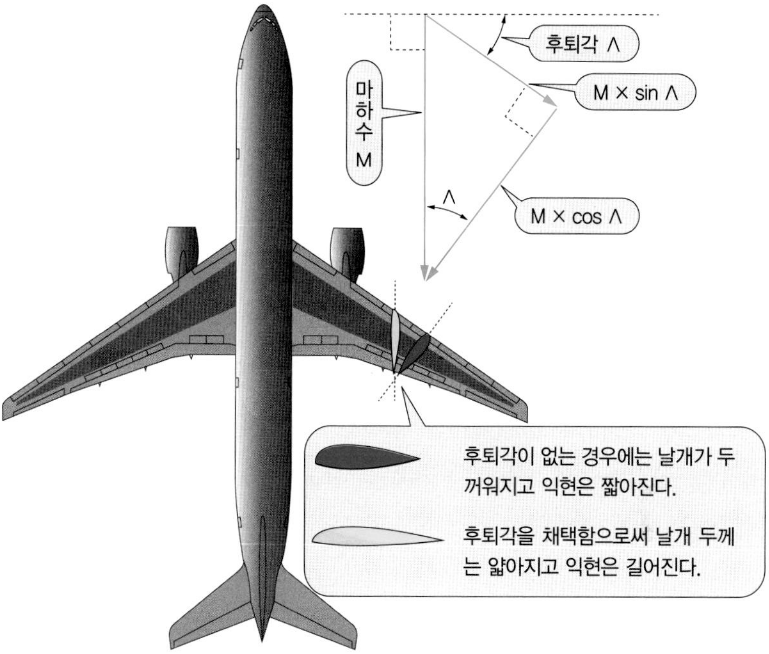
후퇴각 Λ
M × sin Λ
마하수 M
Λ
M × cos Λ
후퇴각이 없는 경우에는 날개가 두꺼워지고 익현은 짧아진다.
후퇴각을 채택함으로써 날개 두께는 얇아지고 익현은 길어진다.

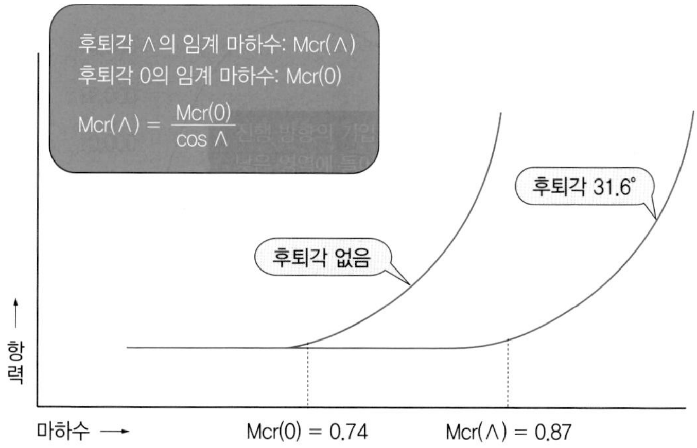
후퇴각 Λ의 임계 마하수: Mcr(Λ)
후퇴각 0의 임계 마하수: Mcr(0)
Mcr(Λ) = Mcr(0) / cos Λ
후퇴각 31.6°
후퇴각 없음
항력 →
마하수 →
Mcr(0) = 0.74
Mcr(Λ) = 0.87

총항력

비행속도와 항력

항력에는 양력의 대가로 발생하는 유도항력과 비행속도가 늘어날수록 커지는 유해항력(형상항력, 마찰항력, 간섭항력, 조파항력 등)이 있다. 이 모든 항력들이 비행속도에 대해 어떻게 변화하는지 알아보자.

비행속도가 빨라지면 양력도 커지므로 기수가 내려가는 자세, 다시 말해 받음각이 작아지는 자세를 취해서 양력계수를 줄이고 양력을 일정하게 유지해야 한다. 즉, 항공기의 무게를 지탱하기 위해서는 비행속도가 늘어날수록 양력계수를 줄여야 한다. 따라서 비행속도가 늘어날수록 양력계수의 제곱에 비례하는 유도항력은 작아진다는 점을 알 수 있다.

이를 고려해서 (총항력) = (유해항력) + (유도항력)과 속도의 관계를 그래프로 나타내보자. 유해항력 및 유도항력은 다음과 같다.

$$(\text{유해항력}) = (\text{항력계수}) \times (\text{동압}) \times (\text{날개면적})$$

$$(\text{유도항력}) = (\text{양력})^2/(\text{동압} \times \text{원주율} \times \text{날개폭}^2)$$

이 식에서 일정 값이 되는 부분을 상수로 정리하면 다음과 같다.

$$(\text{유해항력}) = (\text{상수1}) \times (\text{비행속도})^2$$

$$(\text{유도항력}) = (\text{상수2})/(\text{비행속도})^2$$

X축을 비행속도, Y축을 항력이라고 했을 경우 위의 식에서 유해항력은 원점을 지나는 포물선, 유도항력은 쌍곡선이 됨을 알 수 있다. 그리고 이 두 항력을 더한 총항력의 그래프는 다음 페이지의 그림처럼 포물선이 된다. 이 그래프에서는 비행속도가 늘어날수록 항력은 작아지고, 항력이 최소가 되는 속도가 나타나며, 그 속도 이상이 되면 항력이 커짐을 알 수 있다.

비행속도와 항력

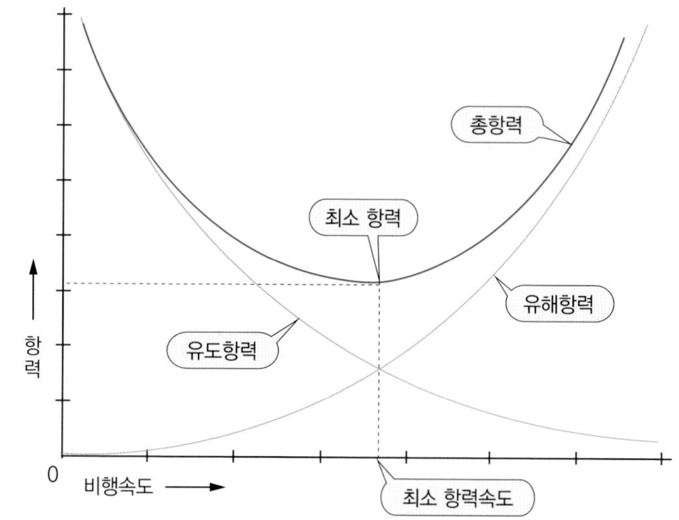
총항력
최소 항력
유해항력
유도항력
항력
0
비행속도
최소 항력속도

실제 예

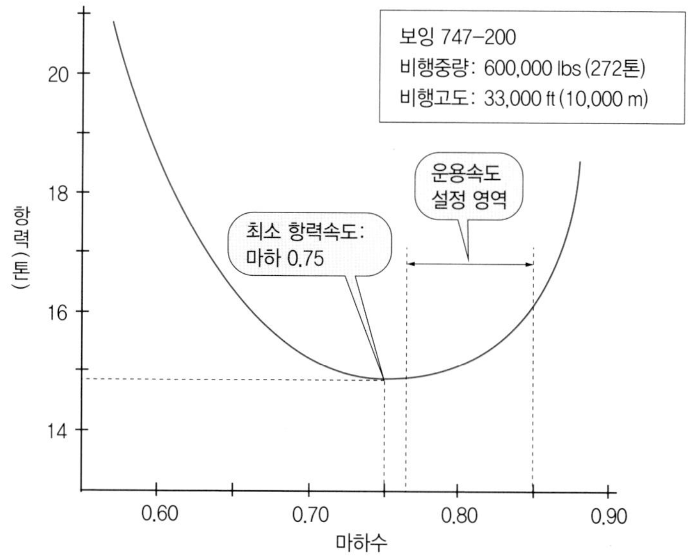
보잉 747-200
비행중량: 600,000 lbs (272톤)
비행고도: 33,000 ft (10,000 m)
운용속도
설정 영역
최소 항력속도:
마하 0.75
20
18
16
14
항력(톤)
0.60
0.70
0.80
0.90
마하수

COLUMN 3

양력공식

양력공식에서 속도는 진대기속도(TAS)다. 그러나 마하수를 기준으로 하는 편이 실제로 계산하는 데 적합하다. 그래서 여기에서는 마하수를 기준으로 하는 양력과 항력공식을 구해보자.

우선 지상에서의 음속을 a0(1116.4501 ft/sec), 특정 온도에서의 음속을 a라고 하면, 온도비 θ와 음속의 관계는 다음과 같다.

$$a = a0*SQRT(\theta)$$

또한 진대기속도 VT는 음속 a에 마하수 VM을 곱한 속도이므로 다음과 같다.

$$VT = VM*a$$

이는 다음과 같이 나타낼 수 있다.

$$VT = VM*a0*SQRT(\theta)$$

이를 양력의 식에 대입하면 다음과 같다.

$$L = 0.5*cl*\rho*VM*VM*a0*a0*\theta*S$$

또한 밀도비를 σ, 기압비를 δ라고 하면 다음과 같다.

$$\sigma = \rho / \rho 0$$

$$\delta = \sigma * \theta$$

따라서 양력의 식에 대입하면 다음과 같은 식을 얻을 수 있다.

$$L = 0.5*cl*\rho 0*a0*a0*\delta*VM*VM*S$$

위의 식에 $\rho 0 = 0.002377$, $a0 = 1116.4501$을 대입하면 마하수를 기준으로 하는 양력의 식은 다음과 같다.

$$L = 1481.351*cl*\delta*VM*VM*S$$

그리고 항력의 식도 마찬가지로 다음과 같이 나타낼 수 있다.

$$D = 1481.351*cd*\delta*VM*VM*S$$

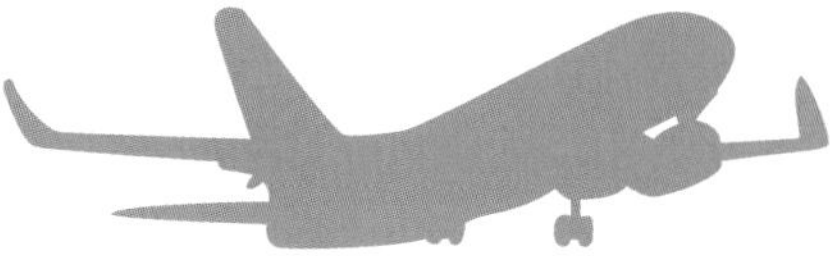

제4장

하늘을 나는 역학

종이비행기는 약간만 비뚤게 접어도 균형이 안 잡혀 똑바로 날아가지 않는다. 실제 항공기도 마찬가지다. 안정된 직진비행을 할 수 있어야 자유롭게 날 수 있다. 이 장에서는 안정된 비행을 위한 주날개, 꼬리날개, 보조날개의 역할, 즉 비행역학을 설명한다.

정적 안정성

안정된 상태로 날기 위해

일반적인 항공기에는 주날개 외에 수평안정판과 승강타로 이루어진 수평꼬리날개, 수직안정판과 방향타로 이루어진 수직꼬리날개가 있다. 안정판이라고 부르는 이유는 항공기가 안정된 수평 직진비행을 하는 데 중요하기 때문이다. 이번에는 수직꼬리날개와 수평꼬리날개가 왜 필요한지 알아보자.

먼저 수직꼬리날개는, 수평직진비행 중에 조종사가 아무런 조작을 하지 않았는데도 기수가 왼쪽으로 틀어지는 편운동이 발생했다고 하자. 그러면 수직꼬리날개의 유효 받음각이 늘어남으로써 수직꼬리날개의 왼쪽 날개면에 양력이 발생한다. 그로인해 오른쪽으로 편운동 모멘트가 발생해서 원래 자세로 자연스럽게 돌아가려는 힘이 작용한다. 이러한 성질을 '방향 안정성(directional stability)이 있다'고 표현한다. 풍향계의 움직임과 닮았다고 해서 풍향계 효과(weather vaning effect)라고도 한다.

이어서 수평꼬리날개는, 수평직진비행 중에 기수가 위쪽으로 틀어지는 종운동이 발생했다고 하자. 그러면 수평꼬리날개의 유효 받음각이 늘어남으로써 수평꼬리날개의 윗면에 양력이 발생한다. 그 양력에 의해 기수가 내려가는 종운동 모멘트가 발생해서 원래 자세로 자연스럽게 돌아가려는 힘이 작용한다. 이러한 성질을 '종안정(vertical stability)이 있다'고 표현한다.

이와 같이 각 꼬리날개는 안정성을 위해 필요한 날개다. 그래서 조종사의 뜻대로 기수를 좌우로 돌리는 방향타(rudder)와 기수를 위아래로 움직이는 승강타(elevator)가 존재한다.

수직꼬리날개에 의한 방향 안정

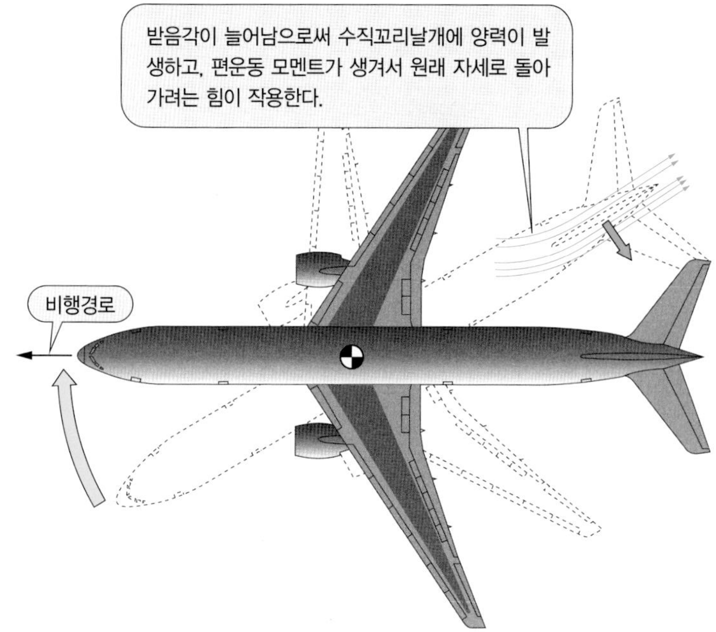

수평꼬리날개에 의한 종안정

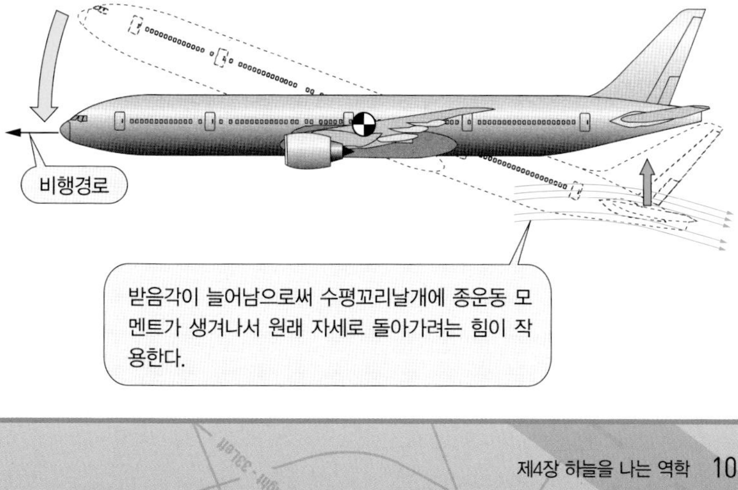

상반각

주날개의 역할은 양력 발생뿐만이 아니다

항공기를 정면에서 보면 주날개가 위로 젖혀져 있다. 이처럼 위로 젖혀진 각을 상반각이라고 한다. 상반각을 만드는 이유를 설명한다.

수평직진비행 중에 조종사의 의도에 반해 바람의 영향으로 기체가 왼쪽으로 기울면, 중력에 의해 왼쪽으로 향하는 힘이 생겨 좌우 힘의 균형이 무너진다. 그러면 왼쪽으로 미끄러지는 사이드슬립(sideslip) 현상이 발생한다. 그러면 사이드슬립된 왼쪽 날개의 받음각이 커지므로 양력이 커지고, 횡운동 모멘트가 발생해서 사이드슬립을 막는 힘이 생겨난다. 그러나 사이드슬립만 막을 뿐 원래 자세로 돌아가는 힘은 작용하지 않는다. 특정 각도에서 기울기가 멈추면 그 상태를 유지한다. 즉, 꼬리날개처럼 안정성을 키우는 효과가 아니라, 사이드슬립을 막는 효과여서 상반각 효과(dihedral effect)라고 부른다.

또한 사이드슬립함으로써 수직꼬리날개에도 양력이 발생하고 진행방향으로 기수를 향하는 방향 안정성이 나타난다. 다시 말해, 상반각 효과와 수직꼬리날개의 방향 안정성에 의해 사이드슬립이 멈추게 된다. 그리고 앞 항목에서 살펴봤듯이, 고익기나 후퇴각에도 마찬가지로 상반각 효과가 있다.

그런데 상반각을 채택하는 또 다른 이유는 이착륙 시에 기체가 약간 기울어져도 엔진이나 날개가 활주로에 접촉하지 않도록 하기 위해서이기도 하다. 따라서 주날개에 엔진이 장착되지 않은 항공기의 상반각은 작아도 된다. 수평꼬리날개의 상반각 또한 같은 목적이다.

상반각

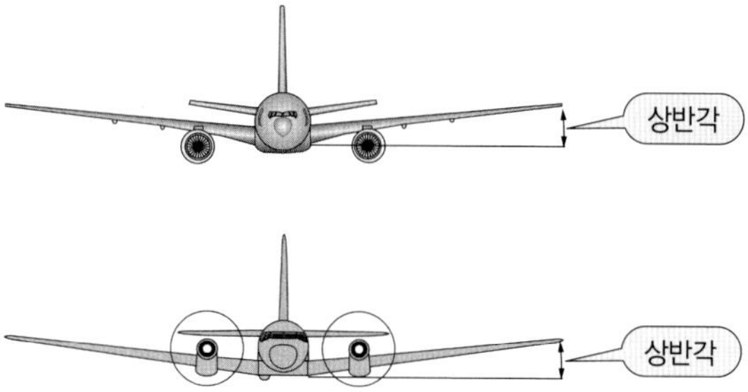

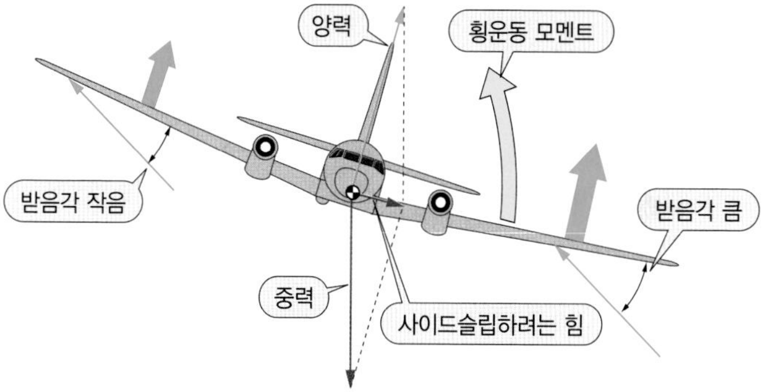

대형 제트 여객기의 경우:
주날개의 상반각은 이착륙 시 기체가 약간 기울어졌을 때도 엔진이나 날개가 활주로에 접촉하지 않도록 하는 목적도 있다. 수평꼬리날개의 상반각은 이착륙 시에 기체가 약간 기울어졌을 때도 수평꼬리날개가 활주로에 접촉하지 않도록 한다.

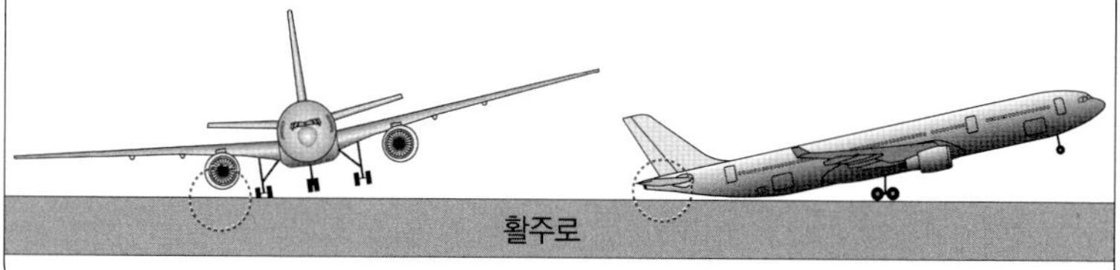

후퇴각의 상반각 효과

후퇴각에는 방향 안정 효과도 있다

후퇴각의 본래 목적은 속도가 높아졌을 때 공기의 압축성에 의해 급증하는 항력을 줄이는 데 있다. 그러나 사이드슬립을 멈추게 하는 효과와 방향 안정 효과도 있다.

예를 들어, 오른쪽으로 사이드슬립을 일으킨 경우, 왼쪽 날개의 공기역학적 후퇴각은 작아지고, 반대로 오른쪽 날개의 공기역학적 후퇴각은 커진다. 그 결과, 왼쪽 날개의 양력이 오른쪽 날개에 비해 커지며, 자세를 수평으로 되돌리는 현상이 나타난다. 또한 왼쪽은 항력도 커지므로, 기수를 상대풍 쪽으로 돌리는 모멘트가 발생해서 방향 안정 효과도 나타난다. 이처럼 후퇴각에는 상반각 효과와 방향 안정 효과가 모두 있다.

다만, 고속 비행 중에 사이드슬립에 돌입할 경우에는 공기역학적인 후퇴각이 작아지면 불리하게 작용한다. 그 이유는 임계 마하수가 작아져서 충격파가 발생함으로써 항력이 증가하고, 양력이 작아져서 횡운동 모멘트가 생기지 않기 때문이다.

한편, 고익기에도 상반각 효과가 일어난다. 고익기가 사이드슬립을 일으키면 상대풍에 의해 동체와 날개 사이의 압력이 증가한다. 그 결과, 날개 윗면과의 압력 차이로 양력이 커진다. 이런 좌우 날개의 양력 차에 의해 원래 자세로 돌아가려는 모멘트가 발생하여, 상반각 효과와 동일한 효과를 얻을 수 있다.

후퇴각이 있는 고익기의 경우에는 아래쪽으로 젖혀진 하반각을 채택한다. 그 이유는 고익기의 상반각 효과에 후퇴각의 상반각 효과 및 방향 안정 효과가 더해지면 상반각 효과가 지나치게 커지기 때문이다.

후퇴각의 상반각 효과

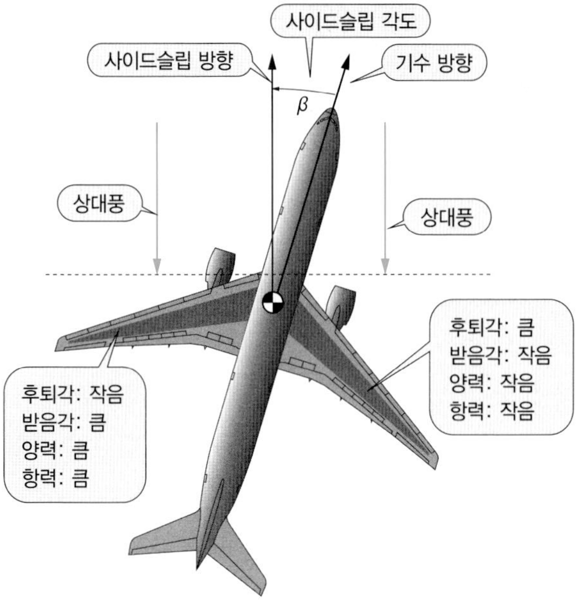
사이드슬립 각도
사이드슬립 방향
기수 방향
β
상대풍
상대풍
후퇴각: 큼
받음각: 작음
양력: 작음
항력: 작음
후퇴각: 작음
받음각: 큼
양력: 큼
항력: 큼

고익기에도 상반각 효과가 있다. 사이드슬립이 발생하면 날개 아랫면의 압력이 높아지므로 양력이 커지고 원래 자세로 돌아가려는 모멘트가 발생한다.
상반각 효과가 과대해지는 것을 막기 위해 하반각을 채용한다.

꼬리날개의 후퇴각

왜 후퇴각이 필요한가?

제트 여객기의 꼬리날개도 주날개와 마찬가지로 후퇴각으로 되어 있다. 그 이유를 생각해보자.

항공기의 한 부분이 음속을 넘어서는 속도를 임계 마하수라고 한다. 음속을 넘어서는 부분은 주로 주날개다. 주날개 뿐만 아니라 수평꼬리날개나 수직꼬리날개도 음속을 넘지 않도록 해야 한다. 제트 여객기가 최대운용한계속도(M_{MO}/V_{MO}: 고의로 넘어서는 안 되는 운용상의 최대 마하수/지시대기속도)까지 비행해야 하는 경우는, 기내기압이 급감하여 승객의 안전을 보장할 수 없을 경우 안전 고도까지 급히 하강해야 할 경우뿐이다. 그런 고속 비행에 대비해서 모든 날개의 임계 마하수를 늘리기 위해 꼬리날개도 후퇴각으로 되어 있다.

수평꼬리날개는 주날개가 충격파 실속을 일으켰을 경우에도 종운동(상 · 하운동)을 할 수 있어야 한다. 그래서 날개꼴은 주날개보다 얇을 뿐 아니라, 주날개와 동일하거나 주날개보다 큰 후퇴각을 채택한다. 또한 수평꼬리날개가 큰 받음각을 취하거나 승강타가 큰 타각을 취하는 경우, 실속이 더디오게 하려면 후퇴각이 큰 것이 유리하다. 종횡비를 주날개보다 작게 하면 실속이 더디게 일어나도록 할 수 있다.

수직꼬리날개의 후퇴각은 강한 측풍이 부는 상황에서 착륙할 때 유리하다. 횡풍을 받으며 착륙할 때 수직꼬리날개의 유효 받음각이 커지는 경우가 있다. 큰 받음각이나 타각을 취해도 실속이 더디게 일어나도록 하기 위해서는 주날개보다 큰 후퇴각을 채택하고, 전연 반지름을 더 크게 하여, 종횡비를 주날개보다 작게 만들어야 한다.

꼬리날개의 후퇴각

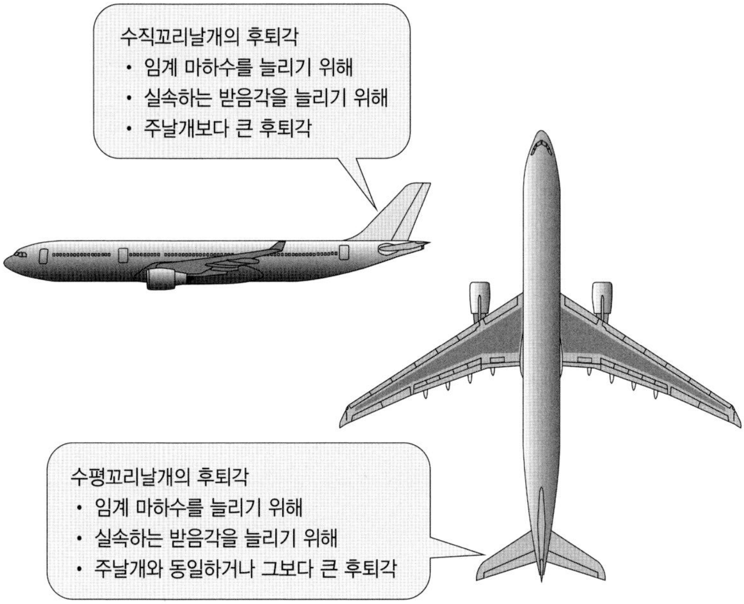

수직꼬리날개의 후퇴각
• 임계 마하수를 늘리기 위해
• 실속하는 받음각을 늘리기 위해
• 주날개보다 큰 후퇴각
수평꼬리날개의 후퇴각
• 임계 마하수를 늘리기 위해
• 실속하는 받음각을 늘리기 위해
• 주날개와 동일하거나 그보다 큰 후퇴각

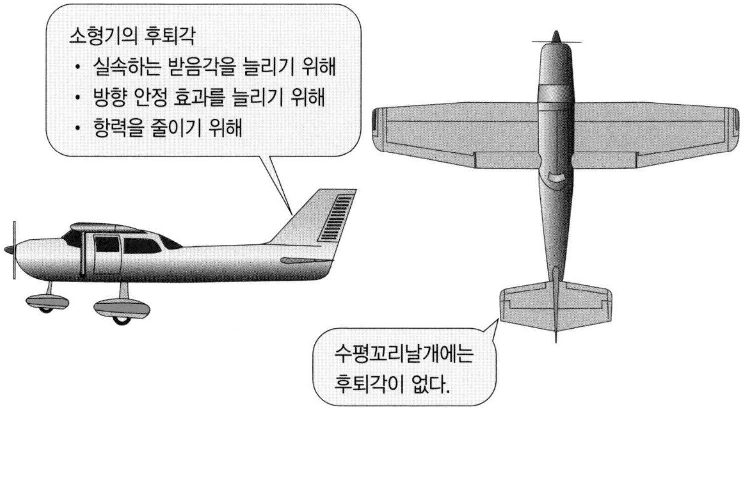

소형기의 후퇴각
• 실속하는 받음각을 늘리기 위해
• 방향 안정 효과를 늘리기 위해
• 항력을 줄이기 위해
수평꼬리날개에는
후퇴각이 없다.

보조날개

선회하기 위해

수평꼬리날개에는 승강타(elevator), 수직꼬리날개에는 방향타(rudder)가 있다. 그리고 주날개에는 보조날개(aileron)와 스포일러(spoiler)가 있다. 각각 어떤 기능이 있는지 설명한다.

항공기가 곡선을 그리며 방향을 전환하는 것을 선회라고 한다. 선회하기 위해서는 방향을 바꾸는 쪽으로 기체를 기울여야 한다. 이는 오토바이가 커브를 돌 때 기울어지는 것과 이유가 동일하다. 이를 위해 주날개 좌우에 보조날개를 둔다.

오른쪽으로 선회하기 위해서는 왼쪽 날개의 양력을 늘리고 오른쪽 날개의 양력을 줄여야 하므로, 왼쪽 보조날개를 내리고 오른쪽 보조날개를 올린다. 이처럼 날개 일부분의 캠버(camber)를 변화시킴으로써 양력 차에 의한 횡운동 모멘트를 생성하여 항공기를 기울일 수 있다. 그러나 보조날개가 그 상태 그대로 있으면 회전을 계속하기 때문에, 원하는 경사각이 되면 보조날개를 원래 위치로 되돌려야 한다. 보조날개가 원래 위치로 돌아가도 경사각을 유지한 상태로 균형을 잡게 된다. 회전을 정지하고자 할 때는 보조날개를 반대로 움직이는 이른바 대항 타를 사용하면 신속히 회전을 멈출 수 있다.

항공기에서는 방향을 바꾸는 주요 역할을 보조날개가 맡는다. 그런데 이때 문제가 하나 있다. 그것은 양력의 제곱에 비례해서 유도항력도 커지기 때문에, 선회하는 방향과 반대 방향으로 기수가 향하는 역편운동(adverse yawing)이 발생한다는 점이다. 방향타로 보조하거나, 보조날개를 올리는 각도보다 내리는 각도를 작게 하고, 선회하는 쪽의 날개 윗면에서 스포일러를 세워서 방지한다.

보조날개

오른쪽으로 선회하기 위해 왼쪽 보조날개를 내리고 오른쪽 보조날개를 올리면 양력 차가 발생해서 기체를 오른쪽으로 기울일 수 있다.

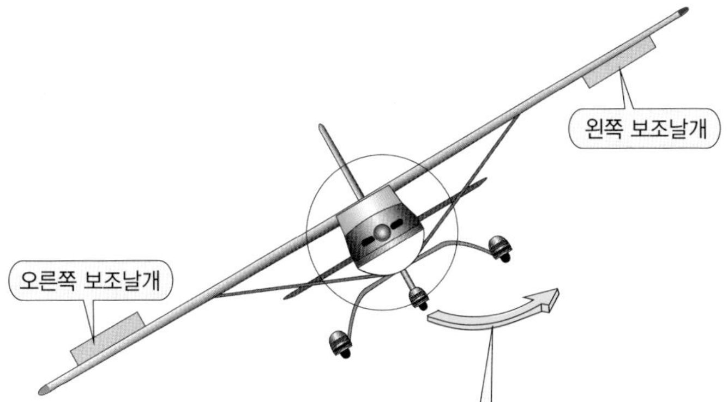

오른쪽 날개의 양력이 증가하면서 항력도 증가하기 때문에, 선회 방향과 반대 방향인 왼쪽으로 기수를 향하게 하는 역편운동이 발생한다. 역편운동을 방지하기 위해 보조날개를 내리는 각도를 작게 하고, 올리는 각도를 크게 한다.

대형기는 역편운동을 방지하고 효율적으로 선회하기 위해, 선회하는 쪽의 날개 위에서 스포일러를 세운다.

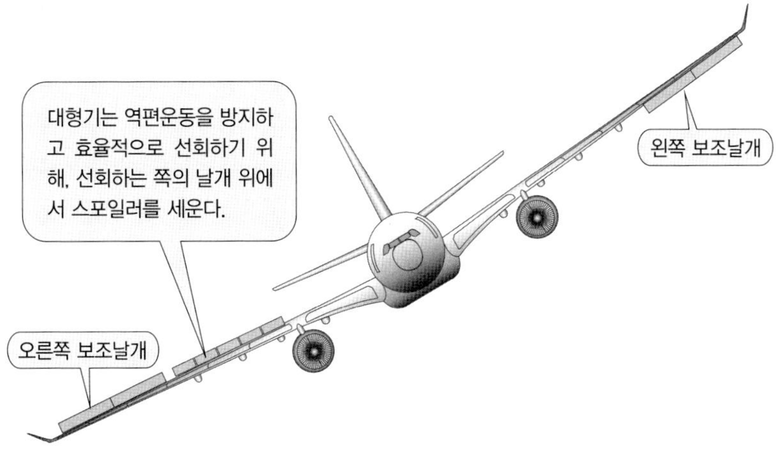

안쪽 보조날개와 바깥쪽 보조날개

왜 보조날개는 여러 개인가?

저속으로 날아가며 선회할 때는 역편운동이 문제가 된다. 그리고 고속으로 날아가며 선회할 때는 보조날개 역전(aileron reversal)이 문제가 된다.

모멘트는 (힘) × (거리)이므로, 무게중심에서 떨어져 있어야 작은 힘으로 효율적인 일을 할 수 있다. 항공기가 기울어질 때도 무게중심에서 멀어질수록 효율이 좋기 때문에, 저속으로 비행하는 소형기는 익단에 보조날개가 있다. 그러나 후퇴날개나 테이퍼날개를 지닌 고속기의 경우에는 문제가 있다. 예를 들어, 오른쪽으로 선회하기 위해 오른쪽 날개의 양력을 줄이려고 올린 오른쪽 보조날개가 공기의 힘에 의해 비틀어져 받음각이 커지는 바람에 양력이 반대로 커져버리는 경우가 있다. 게다가 이때는 양력을 늘리려고 내린 왼쪽 보조날개가 비틀어짐으로써 받음각이 줄어들어 왼쪽 날개의 양력도 줄어들어버린다. 그 결과, 오른쪽으로 기울이려 했는데 왼쪽으로 기우는 현상이 발생한다. 이러한 보조날개의 역효과 현상을 보조날개 역전이라고 한다.

그 대책으로는 강도가 큰 부분에 보조날개를 설치하거나 바깥쪽과 안쪽에 보조날개를 나누어 설치해서 바깥쪽 보조날개는 저속일 때만 작동시키는 방법이 있다. 예를 들면, 보잉 777은 익단 근처와 동체 근처에 보조날개가 각각 하나씩 있으며, 바깥쪽 보조날개는 고속일 때 작동하지 않는다. 그리고 안쪽에 있는 보조날개는 플랩의 기능도 지니므로, 플랩(flap)과 보조날개(alieron)의 합성어인 플래퍼론(flaperon)이라고 한다. 또한 에어버스 A330은 익단 근처에 바깥쪽과 안쪽 보조날개가 나란히 설치되어 있고, 바깥쪽 보조날개는 저속일 때만 작동한다.

안쪽과 바깥쪽의 보조날개

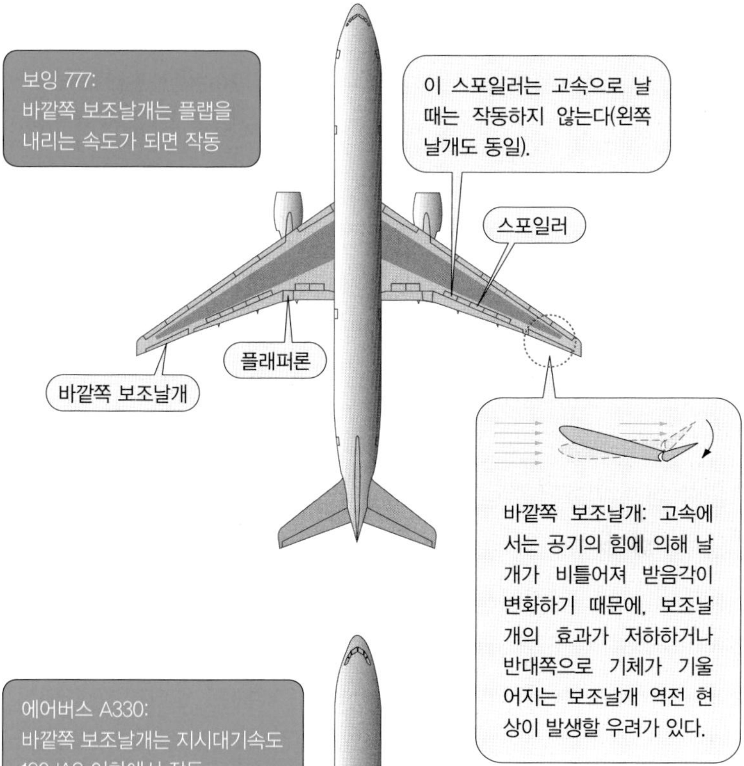

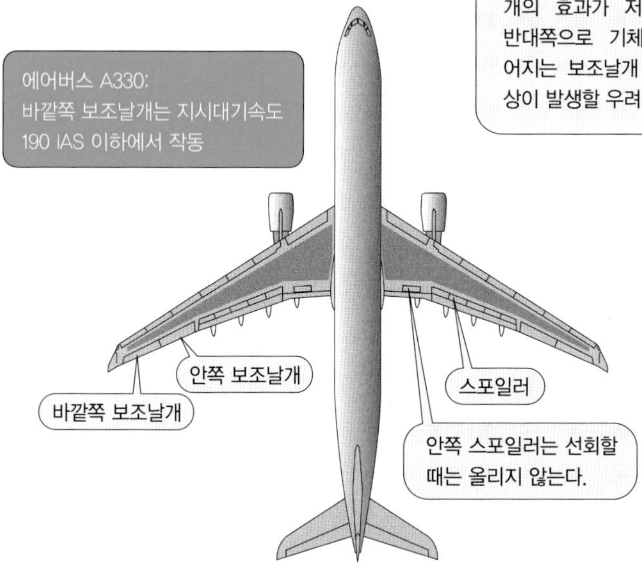

방향타

방향을 바꾸는 타면이 아니다

방향타는 그 이름과는 달리 방향을 바꾸기 위한 타가 아니다. 방향타의 중요한 역할은 어떤 이유로 편운동 모멘트가 생겼을 때, 그 모멘트를 극복하는 편운동 모멘트를 생성하는 것이다.

예를 들면, 선회할 때의 역편운동을 방지하는 데 방향타에 의한 편운동 모멘트가 필요하다. 또한 단발 프로펠러기의 경우, 프로펠러 후류가 수직꼬리날개에 닿아 유효 받음각이 커지기 때문에 수직꼬리날개의 양력에 의해 편운동 모멘트가 생긴다. 그 영향은 저속도에서 최대 출력이 되는 이륙 시에 가장 크다. 이때 방향타로 편운동 모멘트를 제어할 수 있다.

다발기, 특히 날개에 엔진을 장착하는 항공기의 경우를 보자. 예를 들어, 이륙 중에 한쪽 엔진이 정지하여, 한쪽 엔진은 최대 추력이 되고 다른 쪽 엔진은 추력이 0이 되는 극단적인 비대칭 추력이 야기되는 경우 편운동 모멘트를 극복하고 활주로에서 이탈하는 일 없이 안전하게 이륙할 수 있도록 하는 것은 방향타의 편운동 모멘트 덕분이다.

또한 후퇴각에 상반각까지 지니는 항공기는 상반각 효과가 방향 안정에 큰 영향이 있다. 그러므로 높은 고도에서 사이드슬립에 들어가는 경우에는 복원력이 너무 강해서 역방향으로 사이드슬립할 뿐 아니라 사이드슬립, 편운동, 종운동이 복합적으로 반복되는 더치 롤(Dutch roll)에 빠질 가능성이 있다. 더치 롤은 진동주기가 매우 짧게 반복되기 때문에 제어하기 힘들다. 초기 단계에서 진동을 감쇄하기 위해 방향타를 상시 자동작동케 해야 한다. 그러한 장치를 요 댐퍼(yaw damper)라 하고 자동조종장치(auto pilot)와 별도로 작동한다.

방향타의 역할

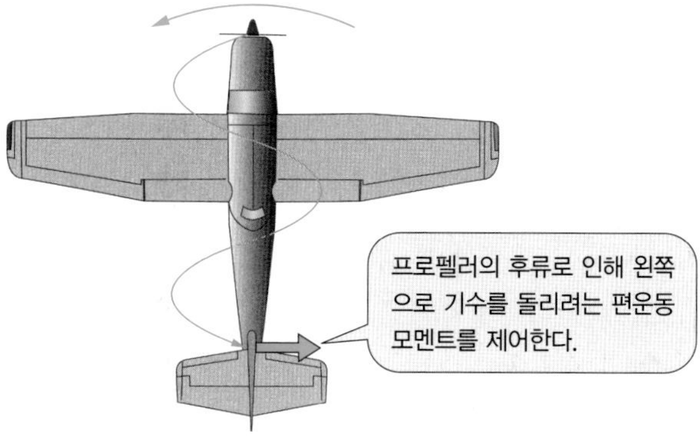
프로펠러의 후류로 인해 왼쪽으로 기수를 돌리려는 편운동 모멘트를 제어한다.

방향타에 의한 모멘트
비대칭 추력에 의한 모멘트
방향타에 의한 편운동 모멘트는 엔진 고장에 의한 비대칭 추력의 편운동 모멘트를 극복하고 직진 비행을 가능하게 한다.

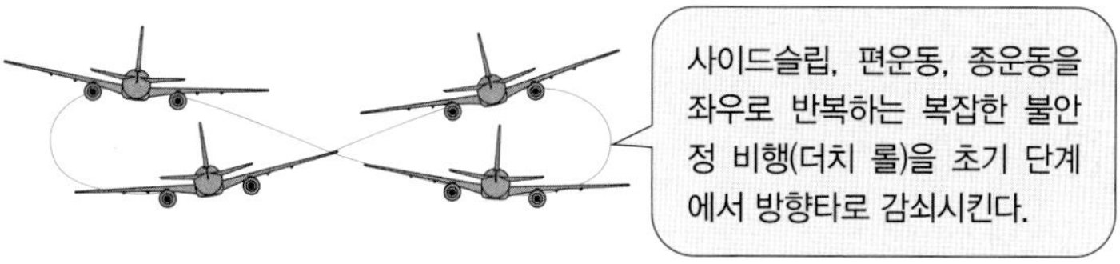
사이드슬립, 편운동, 종운동을 좌우로 반복하는 복잡한 불안정 비행(더치 롤)을 초기 단계에서 방향타로 감쇠시킨다.

승강타

무게중심과 수평꼬리날개의 양력

승강타의 역할은 종운동 모멘트를 생성하는 것이다. 항공기도 다른 물체와 마찬가지로 무게중심을 기준으로 회전한다. 그러므로 항공기를 끌어 올리는 지점, 정확히 말하면 양력이 작용하는 지점인 공력중심(aerodynamic center)과 무게중심(center of gravity) 간의 관계에 따라 외적 요인이 없어도 종운동 모멘트가 작용한다. 그 모멘트는 수평꼬리날개가 생성하는 힘에 의해 사라진다.

소형기의 경우에는 기수 끝에 엔진이 장착되어 있는 이른바 노즈헤비(nose–heavy)형상이기 때문에, 무게중심이 공력중심보다 전방에 있는 것이 일반적이다. 이처럼 무게중심이 공력중심의 전방에 있는 경우에는 수평꼬리날개의 양력이 아래쪽을 향한다. 그리고 이 상태에서 균형을 잡았을 때, 조종사가 조종간에서 손을 떼도 수평직진 비행을 할 수 있는 상태를 '트림(trim)하고 있다'고 표현한다. 이처럼 트림하는 상태에서 기수를 올리는 자세로 만들려면 수평꼬리날개의 아래쪽으로 향하는 힘을 늘리기 위해 승강타를 위로 올려 하향 모멘트를 일으킨다. 기수를 내리는 자세로 만들려면 수평꼬리날개의 상향 양력을 일으켜야 한다.

대형 수송기의 경우에는 동체가 가늘고 길며, 날개 안에는 연료를 탑재하기도 하므로, 무게중심이 크게 변동한다. 무게중심이 공력중심보다 후방에 있는 경우, 수평꼬리날개의 힘은 위쪽을 향한다. 그리고 무게중심이 공력중심보다 전방에 있는 경우, 힘은 아래쪽을 향해야 한다. 이처럼 수평꼬리날개의 양력 변화에 대응하려면 큰 승강타가 필요하다. 그러나 그 외에도 방법이 없는 것이 아니다.

무게중심과 수평꼬리날개의 양력

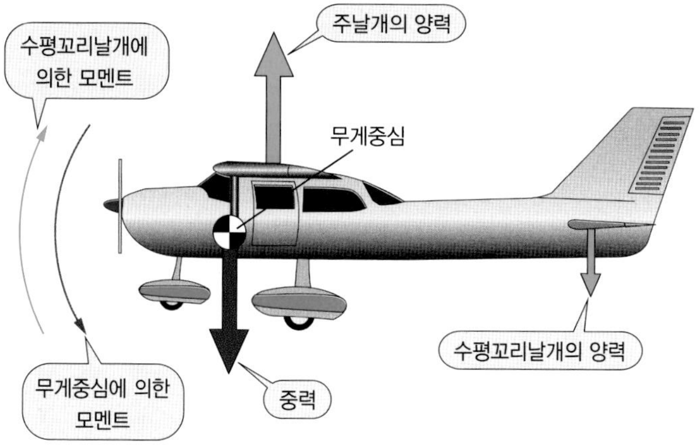

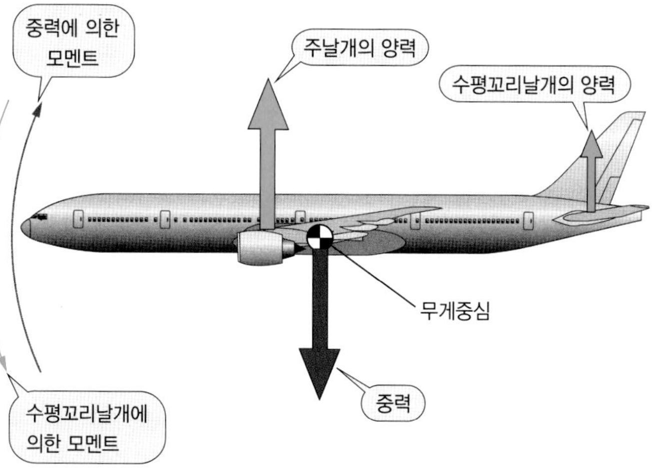

승강타의 트림

조종간만으로는 힘들다

조종간에서 손을 떼도 수평직진비행이 가능한 상태, 즉 무게중심 주위의 모멘트가 0인 상태를 '트림하고 있다'고 표현한다. 이 트림 상태에서 비행속도, 중량, 무게중심 등은 세로 균형을 무너뜨리는 요인이 된다. 예를 들어, 감속하면 양력이 줄어들기 때문에 주날개의 받음각을 늘림으로써 양력계수를 키워서 항공기를 띄우는 양력을 유지해야 한다. 그러기 위해서는 수평꼬리날개의 하향 양력 크기를 미세조정해서 기수를 올리는 자세를 만들어야 한다. 이번에는 조종간을 조작하지 않고 트림을 가능하게 하는 장치의 대표적인 예를 설명한다.

우선 소형기의 경우에는 승강타의 후연 부분에 트림 탭(trim tab)이라는 작은 날개가 있다. 조종간과는 다른 구동장치로 트림 탭을 움직이면 승강타가 공기의 힘에 의해 탭과는 반대 방향으로 움직임으로써(조종간도 약간 움직인다) 수평꼬리날개의 양력이 미세 조정된다. 그 결과 트림이 되고, 안정적인 수평직진비행이 가능해진다.

중형기 이상의 경우에는 승강타만으로 종운동 모멘트를 제어하려면 타면이나 타각을 크게 만들어야 한다. 그러나 항력이 증가하는 등의 부정적인 영향이 크므로 수평꼬리날개 자체를 움직이는 방법을 취한다. 이를 스태빌라이저 트림(stabilizer trim)이라고 한다. 수평꼬리날개의 전연을 아래로 움직이면 하향 양력이 커지므로 기수를 올리는 모멘트가 커지고, 전연을 위로 움직이면 기수를 내리는 모멘트가 커진다. 이렇게 하면 승강타가 트림에 관여하지 않으므로, 원래 역할인 세로 조종에 전념할 수 있다.

수평꼬리날개의 트림

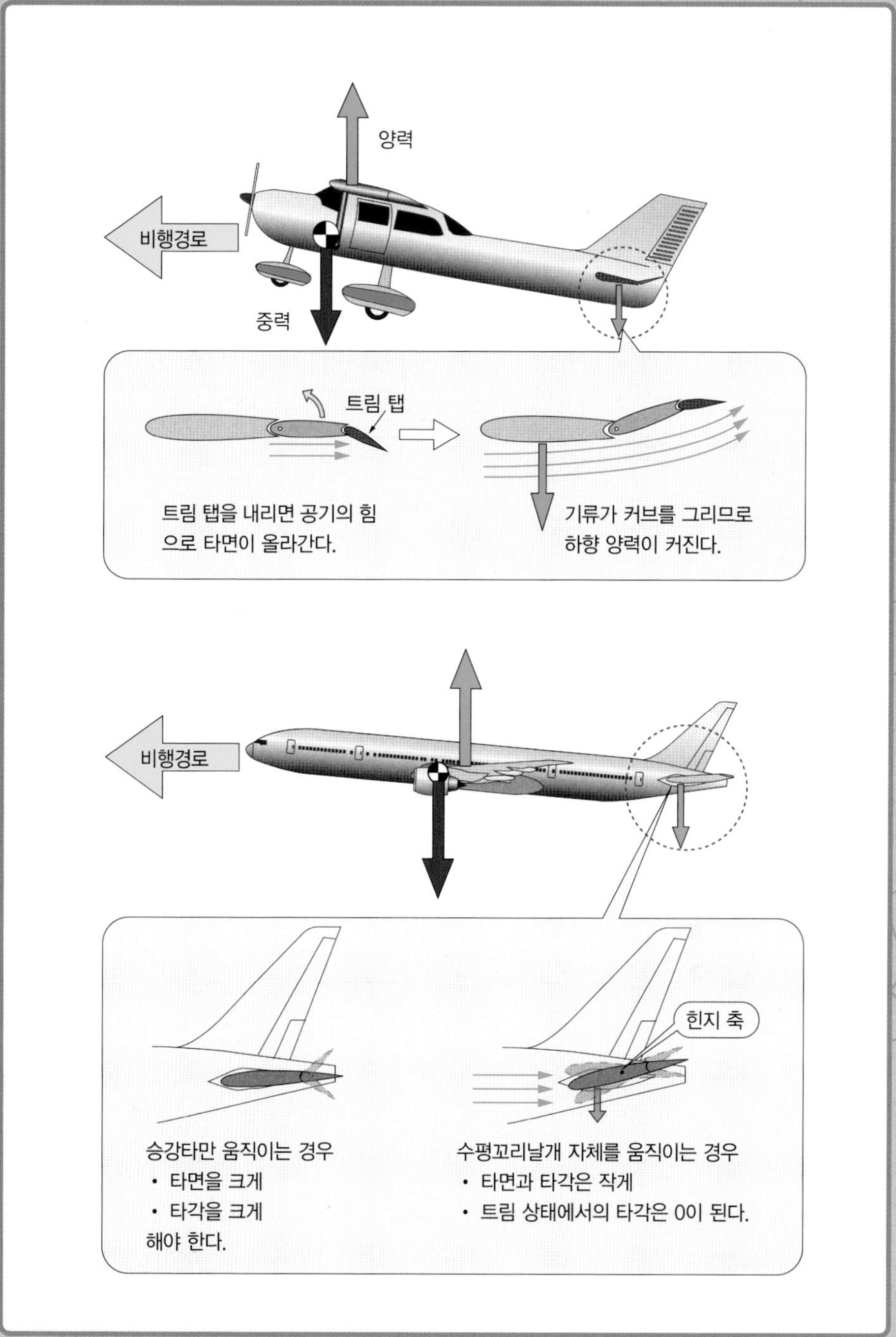
양력
비행경로
중력
트림 탭
트림 탭을 내리면 공기의 힘
으로 타면이 올라간다.
기류가 커브를 그리므로
하향 양력이 커진다.
비행경로
힌지 축
승강타만 움직이는 경우
・ 타면을 크게
・ 타각을 크게
해야 한다.
수평꼬리날개 자체를 움직이는 경우
・ 타면과 타각은 작게
・ 트림 상태에서의 타각은 0이 된다.

방향타 트림과 보조날개 트림

페달을 밟고 있을 필요가 없다

다발기, 특히 주날개에 엔진을 장착하는 항공기에서 한쪽 엔진이 정지하면 방향타가 큰 활약을 한다. 조종사는 추력비대칭으로 인한 모멘트를 없애기 위해 방향타 페달을 강하게 밟는다. 그런데 그 상태를 유지하기가 쉽지 않기 때문에 방향타 트림(rudder trim)을 활용해서 페달을 밟은 상태를 유지할 수 있도록 한다. 방향타 트림은 페달과는 별도의 방향타 구동 장치다. 또한 엔진 고장 외에 좌우 엔진 추력의 미묘한 차이나 항력의 차이가 원인이 되어 발생하는 작은 편운동 모멘트를 없애기 위해서도 방향타 트림을 사용한다.

주날개나 수평꼬리날개는 두 개씩 있으므로 동체에 작용하는 굽힘 모멘트를 서로의 날개로 없앨 수 있다. 그러나 수직꼬리날개는 하나뿐이므로 굽힘 모멘트를 없애지 못한다. 방향타에 의한 모멘트는 비틀림 모멘트로서 동체에 작용한다. 그러므로 고속비행 중에 방향타를 크게 움직이면 동체에 커다란 힘이 작용한다. 그래서 비행속도가 빨라질수록 방향타의 타각을 줄이는 방법을 취한다.

그리고 보조날개에도 보조날개 트림(aileron trim)이 있다. 보조날개 트림은 횡운동 모멘트를 조정하는 장치다(사이드스틱을 채택한 에어버스에는 없다). 항공기는 늘 완벽하게 균형이 잡혀 있지 않다. 프로펠러 후류나 토크의 영향, 날개 내 연료량의 좌우 차이, 개조나 수리 상태 등이 원인이 되어 횡운동 모멘트가 생길 수 있다. 보조날개 트림은 조종간을 만지지 않고서도 보조날개의 타각이나 트림 탭을 미세 조정함으로써 횡운동 모멘트를 수정할 수 있도록 되어 있다.

비행속도와 타각

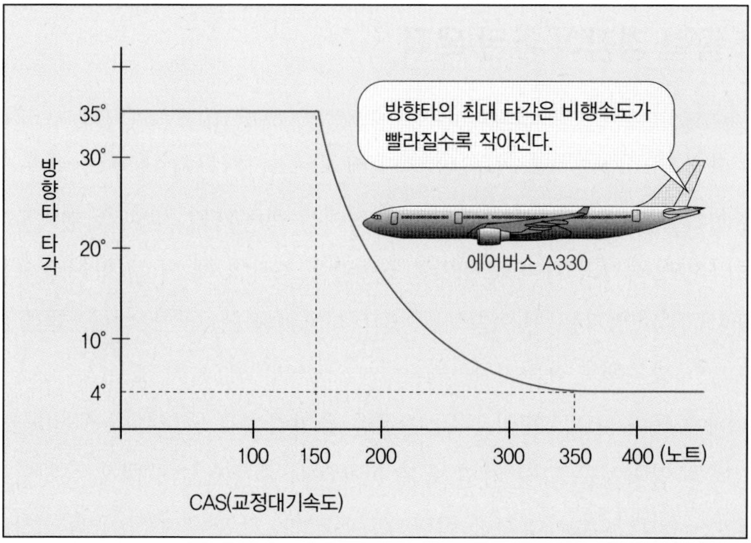

보조날개 트림

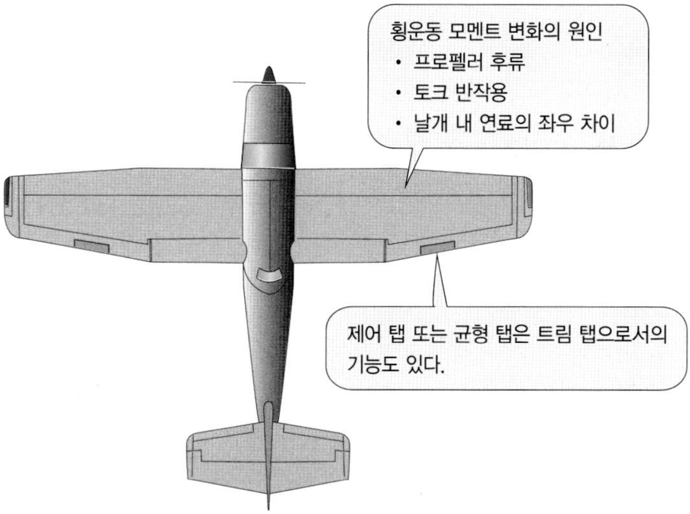

탭

조종력 경감이 주된 목적

균형을 미세 조정하기 위한 트림 탭 외에도 몇 가지 탭이 더 있다.

케이블을 매개로 하여 타면을 움직이는 항공기의 경우, 비행속도가 빨라지면 공기의 힘이 커지므로 조종간을 조작할 때 더 큰 힘이 필요하다. 많은 소형기는 이 조종력을 경감하기 위해 탭을 이용한다. 제트 여객기의 경우에도 예외가 아니다.

예를 들어 보잉 727의 경우, 보통은 유압장치로 타면을 움직인다. 그러나 유압장치가 고장 나면 탭을 이용해서 수동으로 타면을 움직임으로써(수동회귀manual reversion) 비행이 가능하다. 각 탭은 정상일 때는 잠가서 타면과 동일면을 유지하는 상태로 두었다가, 유압장치가 고장 나면 작동할 수 있도록 되어 있다.

안쪽 보조날개와 승강타에는 제어 탭(control tab), 바깥쪽 보조날개에는 균형 탭(balance tab)이 장착된다. 제어 탭은 서보 탭(servo tab)이라고도 불리듯이, 탭만을 움직임으로써 공기의 힘으로 타면을 움직일 수 있다. 안쪽 보조날개는 고속일 때 작동케 하므로, 탭을 움직이는 것만으로도 타면이 작동하는 데 충분한 공기의 힘을 기대할 수 있다. 저속일 때 사용하는 바깥쪽 보조날개는 공기의 힘을 그만큼 기대할 수 없으므로 탭과 연동해서 타면이 움직이는 균형 탭이 된다. 발로 조작하는 방향타는 조종력을 경감한다기보다는 타의 효과를 개선하기 위해 타면보다 타각을 크게 만들어 곡률을 매끄럽게 하는 안티 균형 탭이다.

탭

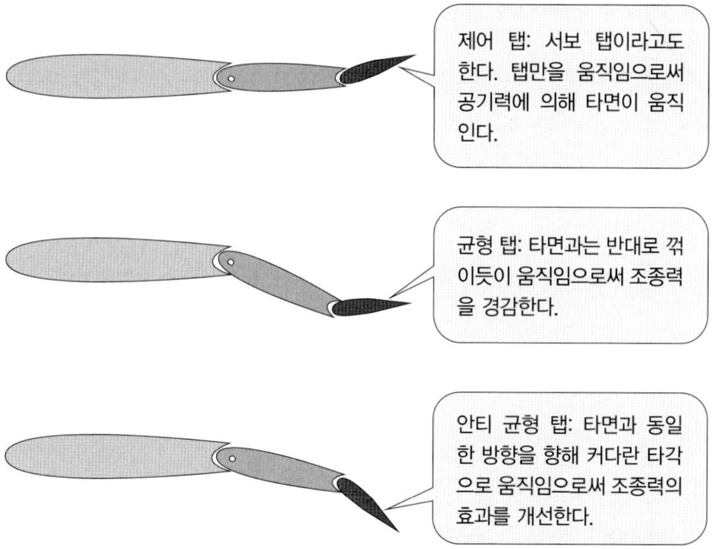
제어 탭: 서보 탭이라고도 한다. 탭만을 움직임으로써 공기력에 의해 타면이 움직인다.
균형 탭: 타면과는 반대로 꺾이듯이 움직임으로써 조종력을 경감한다.
안티 균형 탭: 타면과 동일한 방향을 향해 커다란 타각으로 움직임으로써 조종력의 효과를 개선한다.

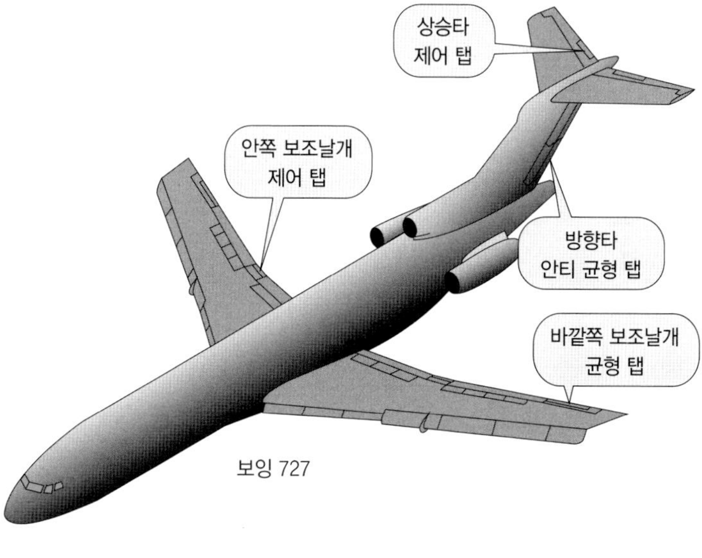
상승타
제어 탭
안쪽 보조날개
제어 탭
방향타
안티 균형 탭
바깥쪽 보조날개
균형 탭
보잉 727

고양력 장치

이착륙 시 양력을 늘리는 장치

항공기는 순항할 때 최대의 성능을 발휘하도록 설계되기 때문에, 느린 속도로는 그다지 잘 날지 못한다. 그러나 이착륙할 때는 가능한 한 낮은 속도로도 안정된 비행을 할 수 있어야 한다. 그 이유는 빠른 속도로 이착륙하면 그만큼 긴 활주로가 필요할 뿐 아니라, 다이이나 제동장치 등에도 문제가 되기 때문이다. 비행속도가 느려지면 비행속도의 제곱에 비례하여 양력이 작아져서, 항공기의 무게를 지탱할 수 없게 된다. 이때 고양력 장치가 큰 역할을 하게 된다.

고양력 장치는 날개의 전연에 튀어나와 틈을 만드는 슬랫(slat)과 후연에 드리워져 양력계수를 늘리는 플랩(flap)이라는 장치의 총칭이다. 후퇴각이 커서 받음각을 늘릴 필요가 없는 항공기는 고양력 장치가 후연 플랩밖에 없다.

슬랫은 받음각이 클 때 날개 아랫면에서 기압이 낮은 날개 윗면으로 틈(slot)을 통해 공기를 흘려보내고, 날개 윗면의 경계층에 에너지를 부여해서 공기의 박리를 늦추는 역할을 한다. 예를 들어, 제트 여객기의 경우 이륙 시 15°를 전후로 기수를 올리는 자세를 취한다. 만약 슬랫 없이 15°나 되는 받음각을 만든다면 날개 윗면부터 공기가 박리되어 실속할 것이다.

후연에 드리워진 플랩은 비행속도가 느리더라도 공기를 큰 곡선으로 흘려보내면 구심력이 커진다는 성질을 이용해서 양력계수를 높이는 장치다.

이와 같이 고양력 장치인 슬랫과 후연의 플랫은 각각 박음각과 캠버를 커지게 해서 양력계수를 높이는 역할을 한다.

고양력 장치란?

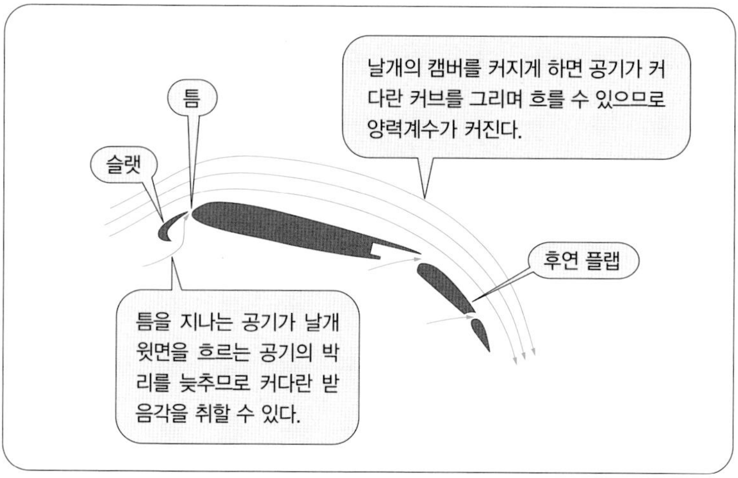
날개의 캠버를 커지게 하면 공기가 커다란 커브를 그리며 흐를 수 있으므로 양력계수가 커진다.
틈
슬랫
후연 플랩
틈을 지나는 공기가 날개 윗면을 흐르는 공기의 박리를 늦추므로 커다란 받음각을 취할 수 있다.

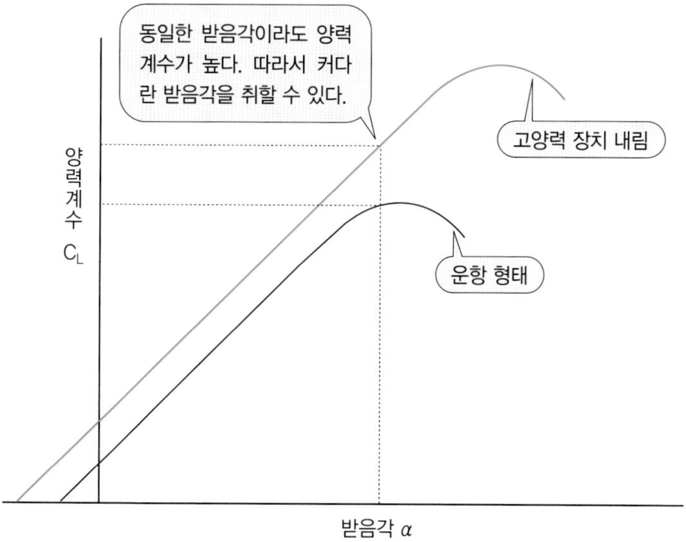
동일한 받음각이라도 양력계수가 높다. 따라서 커다란 받음각을 취할 수 있다.
고양력 장치 내림
양력계수 C_L
운항 형태
받음각 α

플랩의 종류

용도에 따라 서로 다른 플랩의 형태

플랩은 항공기의 크기나 용도 등에 따라 종류가 다양하다.

단순 플랩은 후연을 단순히 내리는 방식의 플랩이다. 단순한 구조이기 때문에 가볍고 정비하기에도 간단하다. 그러나 캠버를 커지게 하기 위해 내리는 각도를 키우면 공기가 잘 박리하는 등 공기역학적으로 큰 결점이 있다.

스플릿 플랩은 후연의 아랫면 부분에만 장착한 플랩이다. 날개 아랫면으로 열린 플랩이 소용돌이를 일으켜서 압력을 저하시키고, 윗면을 흘러오는 공기를 빨아당김으로써 박리를 늦춘다. 구조적으로 단순하므로 강도도 강하고, 플랩을 고속에서도 내릴 수 있다는 것이 큰 장점이다. 소형기에서 사용하기 좋다.

간극 플랩은 단순 플랩을 개량한 것이다. 슬랫과 동일하게 주날개와 플랩 사이에 틈을 만들어서 공기를 기압이 낮은 날개 윗면으로 유도함으로써, 윗면을 흐르는 공기의 경계층에 에너지를 가해 박리를 막아 캠버를 크게 할 수 있다. 소형기에서 널리 사용한다.

파울러 플랩은 간극 플랩을 개량한 것이다. 날개 아랫면에서 튀어나오도록 한 구조다. 이 방식은 캠버를 크게 하는 동시에 날개 면적도 키울 수 있으므로 양력을 더욱 늘릴 수 있다. 파울러는 미국 항공 기술자의 이름이다. 파울러 플랩을 더욱 개량한 것이 2중 간극 파울러 플랩과 3중 간극 파울러 플랩이다. 이는 구조적으로 복잡하고 무거워서 대형기에서 사용하기 좋다.

고양력 장치의 종류

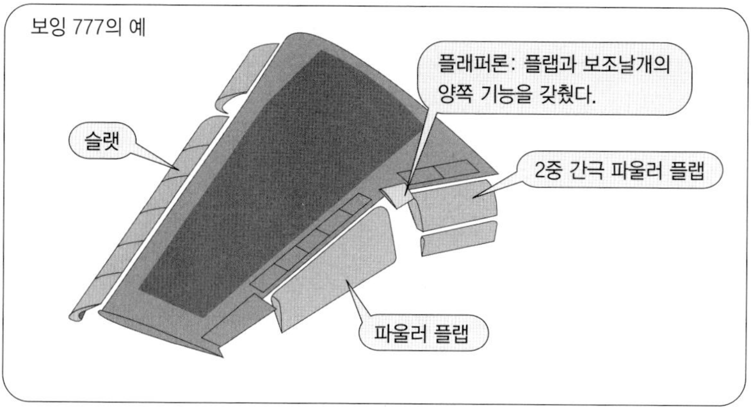

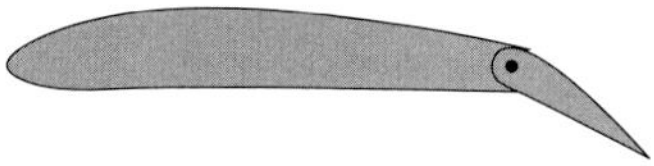
단순 플랩

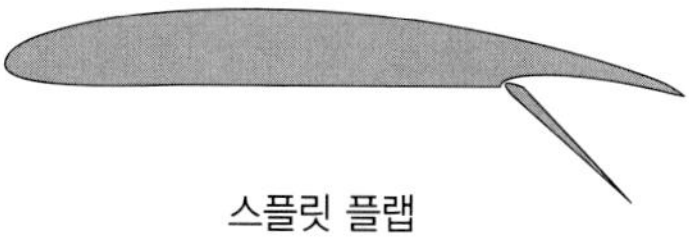
스플릿 플랩

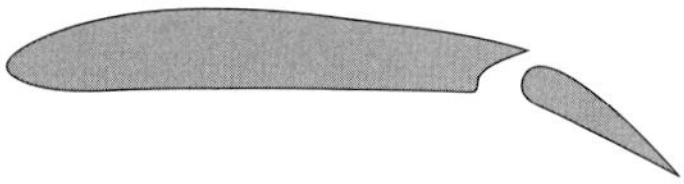
간극 플랩

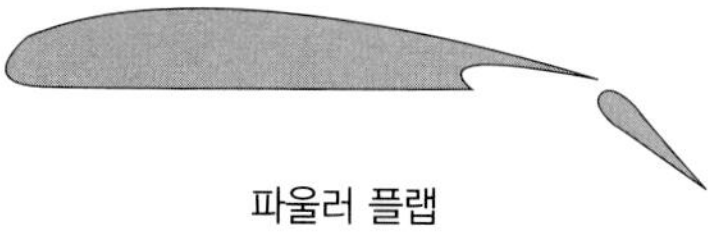
파울러 플랩

2중 간극 파울러 플랩

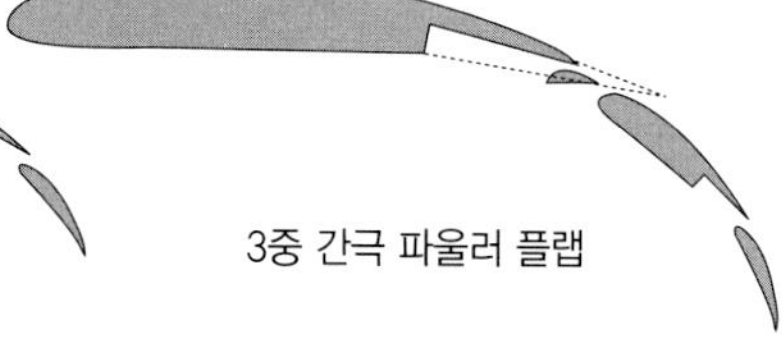
3중 간극 파울러 플랩

삼각날개와 고양력 장치

삼각날개와 받음각

삼각날개(delta wing)의 대표적인 예는 2003년에 퇴역한 초음속 제트 여객기 콩코드(정확히는 끝부분의 후퇴각이 크고, 후연을 향해 커브를 그리는 오지날개(ogee wing)이다)다. 초음속으로 비행하는 항공기에 삼각날개를 적용하는 이유는 초음속 비행을 하려면 저항이 급격히 커지는 항력발산 마하수를 극복하고 음속을 넘어선 후의 항력도 감소시켜야 한다. 이러한 조파항력을 감소시키기 위해서는 커다란 후퇴각, 얇은 날개꼴, 작은 종횡비 등을 갖춰야 한다. 삼각날개는 이들 조건을 만족시키고 강도 면에서도 유리하다.

삼각날개는 실속에 대한 여유도 크다. 예를 들어 종횡비가 작은 삼각날개의 경우, 양력계수가 최대가 되는 받음각이 40°에 달하기도 한다. 따라서 얇은 날개 안에 굳이 플랩 같은 복잡하고 무거운 장치를 설치하기보다는 받음각을 증가시킴으로써 양력계수를 높이는 방법이 적합하다. 그리고 콩코드의 오지날개는 받음각이 클 때는 단순한 삼각날개보다 높은 양력을 얻을 수 있다. 한편 착륙할 때 기수를 크게 올리는 자세로 항공기를 지탱하기 때문에 전방시야를 확보하기 위해 기수 부분을 꺾을 수 있게 만들었다.

또한 콩코드에는 수평꼬리날개가 없는 대신, 날개 후연에 엘레본(elevon)을 장착하여 승강타와 보조날개의 기능을 모두 지니게 하여 횡운동과 종운동의 모멘트를 생성한다. 예를 들어 엘레본이 모두 올라가면 기수를 올리는 모멘트가 발생하고, 왼쪽 엘레본이 올라가고 오른쪽 엘레본이 내려가면 왼쪽으로 회전하는 횡운동 모멘트가 발생한다.

삼각날개와 고양력 장치

기수를 크게 올리는 자세로도 전방을 잘 볼 수 있도록 기수 부분은 가동식이다.
콩코드의 경우는
• 후퇴각 70°
• 익단이 비틀어져 내려가 있음.
이에 따라 기수를 15도 이상 올리는 자세를 취한다. 이로써 고양력장치 없이도 항공기를 지탱할 수 있다.

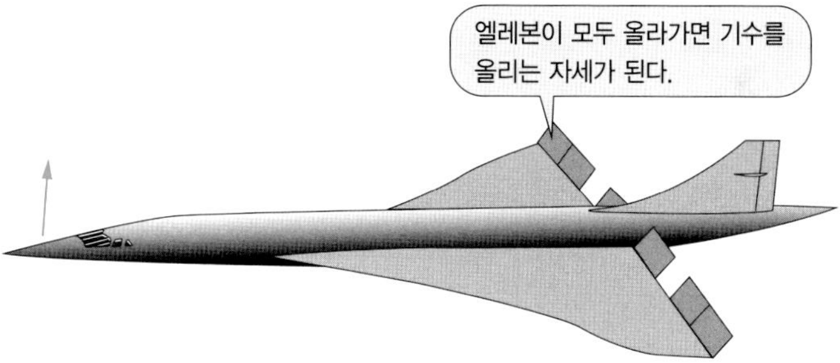
엘레본이 모두 올라가면 기수를 올리는 자세가 된다.

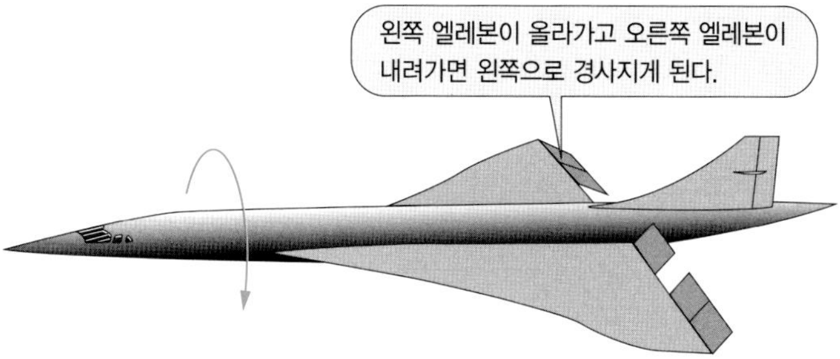
왼쪽 엘레본이 올라가고 오른쪽 엘레본이 내려가면 왼쪽으로 경사지게 된다.

COLUMN 4

가속계수

지시대기속도(CAS)가 일정하게 상승하면 진대기속도(TAS)가 높아지고, 가속상승하게 된다. 가속계수가 어떻게 변화하는지 식으로 나타내보자. 실제로 계산할 때는 마하수를 기준으로 생각하면 편리하다.

예를 들면, 일반적인 상승 방식은 250CAS/280CAS/0.80M으로 나타낸다. 10,000 ft 이하는 250CAS다. 그 후 280CAS에서 상승하면 TAS가 커지는 가속상승이 된다. 280CAS가 0.80 M과 일치한 고도 이상이 되면 마하 0.80을 유지하고 상승하는 감속상승이 된다. 성층권에 들어서면 외기온도가 일정해지기 때문에 동일한 마하수에서는 TAS도 일정하다. 즉, 가속하지 않고 상승하기 때문에 가속계수는 0이 된다.

가속계수를 accf라고 하면 다음과 같은 식이 나온다.

(1) 고도 36089.24(11,000 m) ft 이하인 경우

- CAS 일정

$$accf = -0.133184*VM*VM + (1 + 0.2*VM*VM) - (1 + 0.2*VM*VM) \wedge (-2.5)$$

- 마하수 일정

$$accf = -0.133184*VM*VM$$

(2) 고도 36089.24(11,000 m) ft를 초과한 경우

- CAS 일정

$$accf = (1 + 0.2*VM*VM) - (1 + 0.2*VM*VM) \wedge (-2.5)$$

- 마하수 일정

$$accf = 0$$

제 5 장

항공기 엔진

비행의 성공 여부는 추진력과 양력을 어떻게 발생시키느냐에 달려 있다. 추진력을 생성하는 피스톤 엔진부터 제트 엔진까지 그 특성과 추력 발생 메커니즘을 설명한다.

항공기와 엔진의 관계

추진 장치의 종류

라이트 형제는 12마력의 피스톤 엔진으로 프로펠러를 돌려 무게 340 kg의 항공기를 48 km/h의 속도로 전진시키고, 날갯짓을 하지 않는 고정된 날개로 340 kg의 양력을 생성해서 최대 260 m를 비행했다. 이 세계 최초의 동력비행은 새를 흉내 내지 않고 추력과 양력을 별도로 생성해서 이루어냈다.

그로부터 40년 후에는 라이트 형제의 엔진보다 100배나 큰 1,200마력의 성형 14기통 피스톤 엔진 2대를 장착한 중량 12톤의 DC-3이, 세계 최초의 비행보다 두 배 긴 520 m를 활주한 후 160 km/h의 속도로 이륙했다. 1940년대에는 피스톤 엔진을 장착한 항공기가 성숙기를 맞이했다.

이처럼 대출력 피스톤 엔진의 출현으로 더 많은 사람을 태울 수 있게 되었다. 그러나 더 높이 날고 싶은 꿈은 실현할 수 없었다. 그 꿈을 이루어준 것이 1940년대 후반에 등장한 터보프롭이라는 가스터빈 엔진이다. 터보프롭의 출현에 의해 공기가 희박한 높은 고도에서도 성능 저하 없이 비행할 수 있게 되었다.

그러나 아무리 가스터빈(gas turbine)으로 프로펠러를 돌려도 더 멀리 날 수는 없었다. 그래서 등장한 것이 가스를 후방으로 분출하는 반작용으로 항공기를 전진시키는 제트 엔진이다. 이 제트 엔진에 의해 성층권을 초음속으로 비행하는 것도 가능해졌다.

더 나아가 터보팬 엔진이 개발되어 더 멀리 비행하고 싶은 꿈을 실현할 수 있게 되었다.

항공기 엔진

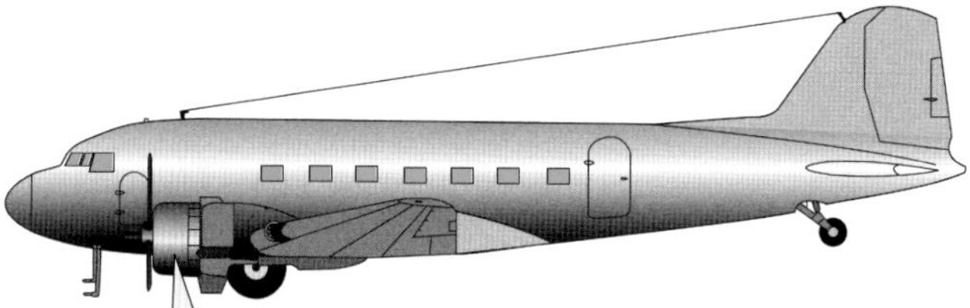

DC-3
프랫 & 휘트니 더블와스프
성형 14기통 피스톤 엔진
1,200마력 × 2

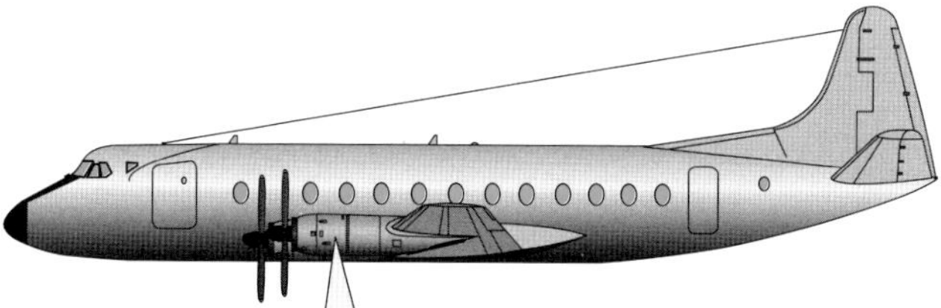

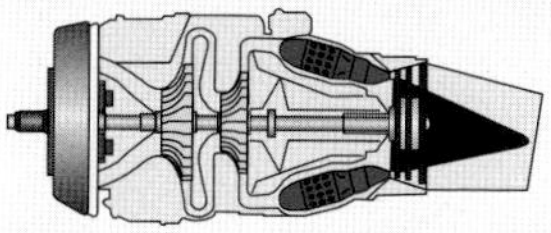

YS-11
비커스 바이카운트
롤스로이스 다트
터보프롭 엔진
2,100마력 × 4

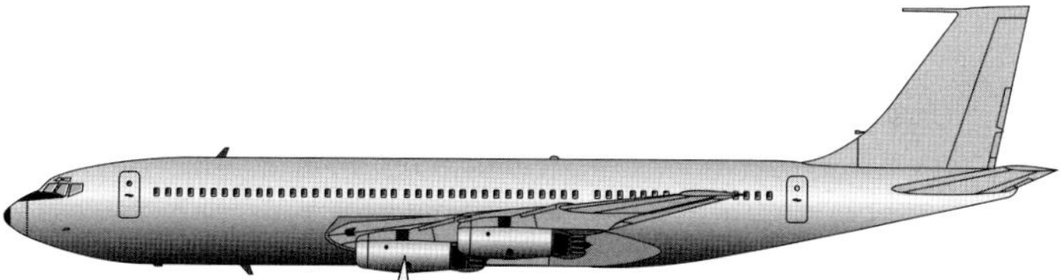

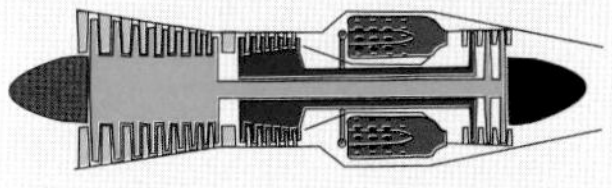

보잉 707
프랫 & 휘트니 JT3C
제트 엔진
추력 6,100 kg

피스톤 엔진

왕복운동을 회전운동으로 변환

피스톤 엔진은 실린더 내의 피스톤 왕복운동을 크랭크축(구부러진 회전축)에 의해 회전운동으로 바꾸는 엔진이다. 그 움직임 때문에 왕복기관 또는 리시프로케이팅(reciprocating, 왕복 엔진)이라고 한다. 이 피스톤 엔진 중에시 흡기, 압축, 팽창, 배기의 4행징으로 2회전하는 엔진을 4사이클 엔진 또는 4스트로크 엔진이라고 한다. 2사이클 엔진도 있지만, 냉각이 어렵다는 등의 이유로 항공기용 엔진으로 사용하지 않는다.

흡기: 피스톤이 상사점(크랭크축 중심에서 최대 거리의 위치)에서 내려가기 시작하면 실린더 내의 압력이 낮아지므로 흡기관에서 실린더 내로 공기와 연료의 혼합 기체가 흡입된다.

압축: 피스톤이 하사점(크랭크축 중심에서 최소 거리의 위치)에서 올라가면 흡기판이 닫히고 혼합 기체의 압력은 상승한다. 피스톤이 상사점에 달하기 직전에 점화 플러그의 불꽃으로 점화해서 혼합 기체를 연소시킨다. 상사점에 달하기 직전에 점화하는 이유는 혼합 기체의 불꽃이 전파되는 데 시간이 필요하기 때문이다.

팽창: 혼합 가스(기체)가 연소하면 급격히 팽창하여 실린더 내의 압력이 급격히 상승한다. 급상승된 압력에 의해 피스톤을 밀어 내린다.

배기: 밀려 내려간 피스톤이 하사점에 달하기 전에 배기판이 열린다. 관성력(피스톤 자체나 크랭크축이 운동을 계속하려는 힘)에 의해 피스톤이 하사점을 통과해 상사점을 향하는 사이 실린더 내의 가스가 배출된다.

피스톤 엔진의 사이클

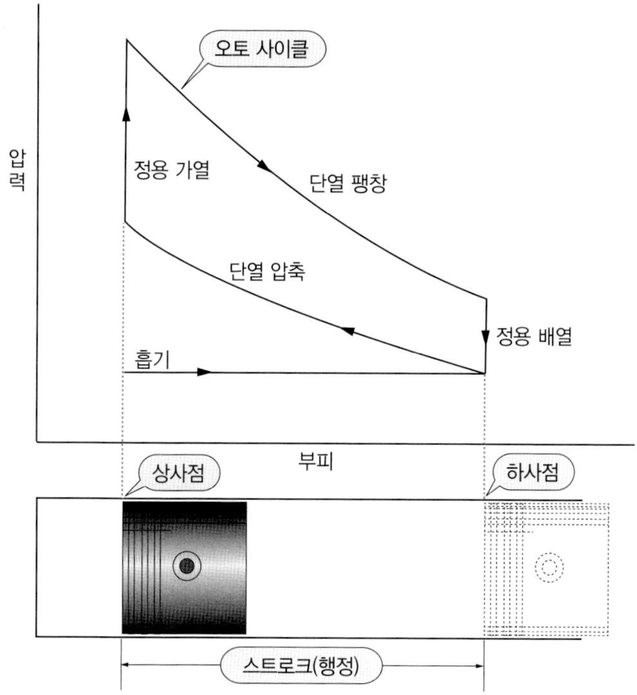

오토 사이클
압력
정용 가열
단열 팽창
단열 압축
정용 배열
흡기
부피
상사점
하사점
스트로크(행정)

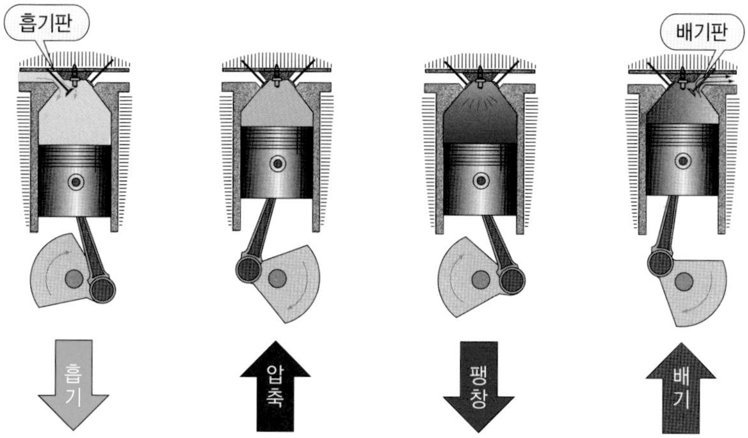

흡기판
배기판
흡기
압축
팽창
배기

피스톤 엔진의 출력 제어

혼합 기체의 양을 제어

이어서 피스톤 엔진의 출력을 어떻게 제어하는지를 알아보자.

세계 최초의 피스톤 엔진은 혼합기체를 압축하지 않고 연소시키는 방식이었다. 이 방식은 열에너지가 일에너지로 변환하는 데 그다지 효율적이지 않았다. 그러나 혼합기체를 압축하면 압력이 커질 뿐 아니라 연소 전에 온도가 상승하므로 연소시간이 짧아지면서 연소 후의 압력과 온도도 높아지고, 열에너지가 일에너지로 변환하는 데 효율적이다.

하지만 연료의 양을 단순히 늘리기만 하면 되는 문제는 아니다. 공기의 양이 너무 많으면 연소가 불안정해지고, 공기의 양이 너무 적으면 불완전 연소가 일어난다. 가솔린 엔진의 이상적인 연료-공기비는 공기 14~15 g에 연료 1 g이다. 여기에서 공기와 연료는 용량의 비가 아니라 무게(질량)의 비라는 점에 주의해야 한다.

기화기(carburetor)는 공기와 연료를 혼합시키는 장치이다. 스로틀 밸브(throttle valve)의 각도에 의해 공기의 양이 정해지면, 그 공기와 이상적인 비율의 연료량이 안개처럼 분출된다. 혼합기체는 과급기(supercharger)로 압력을 상승시켜 흡기관으로 보내지고, 흡기관에서 실린더로 흡입된다. 실린더 내의 혼합기체의 양이 많아질수록 연소 에너지가 증대한다. 간단히 말하면 폭발력이 커지기 때문에 피스톤의 왕복운동이 급격해지고 엔진의 회전수가 증가한다. 스로틀 밸브를 완전히 열면 최대출력이 된다.

피스톤 엔진의 출력 제어

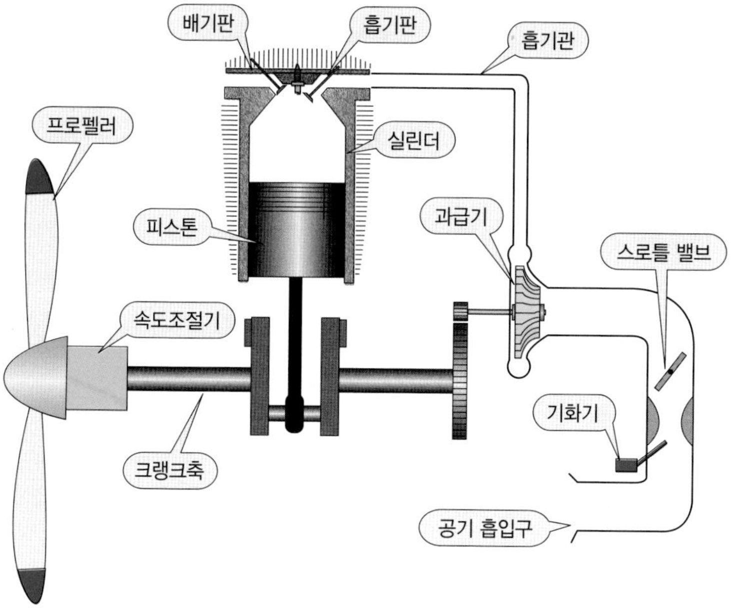

기화기(carburetor):
연료를 안개처럼 분사하여 기화시켜 공기와 혼합하는 장치.

스로틀 밸브(throttle valve):
혼합 기체의 유량을 제어하기 위한 판.

과급기(supercharger):
흡입된 공기나 혼합 기체를 압축해서 공급하는 장치.

속도조절기(governor):
프로펠러의 회전속도를 일정하게 유지하는 정속제어장치.

축출력

피스톤 엔진만으로는 전진할 수 없다

피스톤 엔진만으로는 항공기를 전진시킬 수 없다. 엔진이 프로펠러를 돌림으로써 비로소 추력이 발생한다. 따라서 엔진의 능력을 살펴보려면 얼마나 무거운 프로펠러를 단위시간당 얼마나 돌릴 수 있는지를 알아야 한다.

그래서 마력이라는 단위를 사용한다. 엔진이 아무리 큰 힘을 지녀도 회전수가 적으면 문제가 된다. 즉 단순한 힘이 아니라, 시간당 얼마나 돌릴 수 있느냐 하는 시간당 일의 양이 중요하다. 예를 들어, 마력 또는 파워가 있는 사람은 무거운 물건을 옮기는 일을 단시간에 해낼 수 있다. 물리학에서도 마력(horsepower)은 단위시간당 생성하는 일의 양인 일률로 정의한다.

(마력) = (힘) × (거리)/(시간) = (힘) × (속도)

피스톤이 돌린 크랭크축으로 이용할 수 있는 출력을 축마력이라고 한다. 일반적으로는 **BHP**(brake horsepower, 제동마력)로 표현하고, 다음 페이지에 나오는 그림의 식처럼 크랭크축의 토크와 회전수에 비례한다고 알려져 있다. 예전에 회전을 제동할 때의 고체 마찰을 이용한 장치인 프로니 브레이크(prony brake)로 축출력을 측정했기 때문에, 제동마력이라는 용어를 사용했다. 그리고 토크는 비틀림 모멘트라고도 부른다. 축을 돌리려는 힘과 축의 중심부터 힘을 가하는 지점까지의 거리를 곱한, 회전축에 작용하는 모멘트 값이다.

축마력(BHP)

$$(\text{마력}) = \frac{(\text{일})}{(\text{시간})} = \frac{(\text{힘}) \times (\text{거리})}{\text{시간})} = (\text{힘}) \times (\text{속도})$$

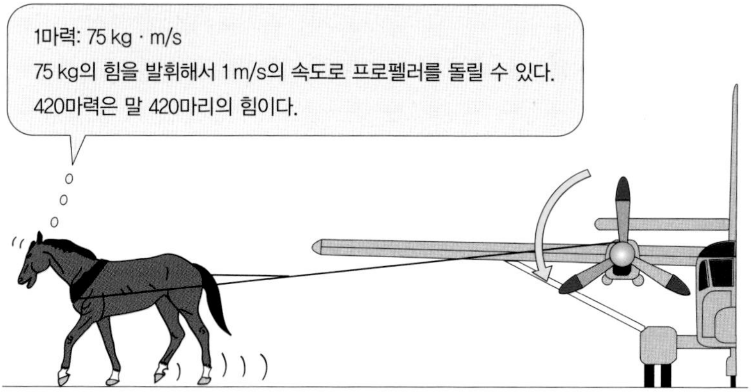

$$(\text{축마력}) = \frac{(\text{토크}) \times (\text{회전수})}{716.2} \quad (\text{토크 단위})$$

$$(\text{축마력}) = \frac{(\text{토크}) \times (\text{회전수})}{5252.1} \quad (\text{피트 단위})$$

* 토크: 회전시키는 능력의 크기, 비틀림 모멘트.
(토크) = (축을 회전시키는 힘) × (축의 중심부터 힘을 가하는 지점까지의 거리)

축출력과 고도

공기가 희박해지면?

항공기가 더 높은 고도로 비행하려는 이유 가운데 하나는 높은 고도에서는 공기밀도가 감소해서 항력이 작아지기 때문이다. 그러나 높은 고도에서의 비행이 꼭 유리하지만은 않다. 엔진출력이 저하되어버린다는 불리한 점도 있다. 이번에는 그 대책을 설명한다.

피스톤 엔진의 출력은 혼합기체의 질량으로 정해진다. 그 혼합기체의 질량을 혼합기체를 보내는 흡기다기관 내의 흡기압력(MAP, manifold absolute pressure)으로 측정한다. MAP가 커질수록 엔진출력도 커진다. 그러나 비행고도가 높아지면 공기밀도가 감소하므로, MAP도 작아져서 엔진출력 역시 작아진다.

그러나 희박해진 공기를 긁어모으면, 다시 말해 밀도가 낮아진 공기를 압축하면 질량의 감소를 보완할 수 있다. 따라서 그만큼 연료의 질량도 늘릴 수 있고 MAP도 커진다. 그 일을 하는 것이 과급기다. 과급기는 회전축에 직결되어 톱니바퀴로 구동하는 슈퍼차저(supercharger)와 배기가스터빈으로 구동하는 터보차저(turbocharger)가 있다. 축출력의 일부를 소비하는 슈퍼차저와 달리 터보차저는 연소 후 남은 열에너지를 사용하므로 축마력의 손실이 거의 없고, 톱니바퀴 등의 장치가 적어서 소형·경량화가 가능하다.

터보차저의 기능에 의해 MAP를 최대로 유지하면서 스로틀을 서서히 여는 단계에서는 출력이 고도와 관계없이 일정하지만, 스로틀을 전부 연 이후에는 출력이 저하되어 간다. 이처럼 풀 스로틀로 MAP의 최대치를 확보할 수 있는 고도를 임계 고도(critical altitude)라고 한다.

축마력과 고도

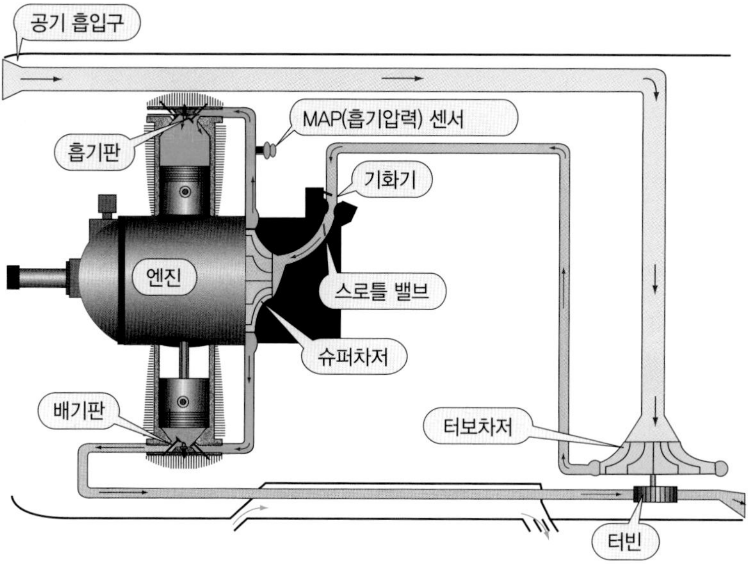

공기 흡입구
MAP(흡기압력) 센서
흡기판
기화기
엔진
스로틀 밸브
슈퍼차저
배기판
터보차저
터빈

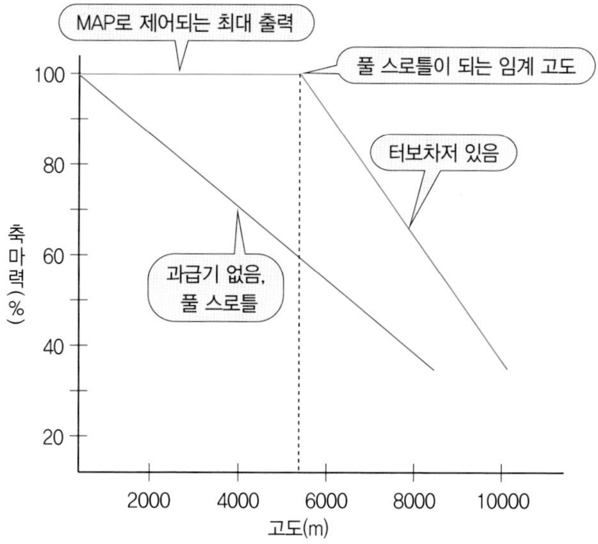

MAP로 제어되는 최대 출력
풀 스로틀이 되는 임계 고도
터보차저 있음
과급기 없음,
풀 스로틀
축마력(%)
100
80
60
40
20
2000
4000
6000
8000
10000
고도(m)

터보프롭

터빈으로 회전운동

피스톤 엔진이 높은 고도에서 출력 저하에 빠지는 현상을 방지하기 위해서는 실린더 용량을 키우는 방법도 있다. 그러나 엔진의 무게가 매우 무거워지므로 조금이라도 중량을 줄여야 하는 항공기에는 적합하지 않다. 그런 고민을 해결해준 것이 피스톤 엔진과 동일한 출력을 내면서 무게는 반으로 줄어든 터보프롭 엔진(turboprop engine)이다.

터보프롭 엔진은 고압 · 고온의 연소가스로 터빈을 구동해서 회전운동 에너지를 얻는 엔진이다. 회전시키는 일을 끝내고 남은 운동에너지로 추력까지 생성하는 엔진이기도 하다. 피스톤 엔진은 모든 사이클이 실린더 내에서 이루어지는 데 반해, 터보프롭은 압축기로 압축하고 연소실에서 가열하고 연소실 출구에서 팽창하고 배기 덕트에서 방열하는 등 흐름에 따라 연속적으로 해낸다(역자주: 그래서 피스톤 엔진을 내연기관이라 하고, 가스터빈 엔진을 외연기관이라고 한다).

이처럼 대량의 공기를 연속적으로 압축 · 연소하므로 더 높은 고도에서 비행이 가능하게 할 뿐 아니라, 크랭크축 등의 무거운 장치도 필요 없기 때문에 소형 · 경량으로 대출력을 내야 하는 항공기에는 더할 나위 없이 적합한 엔진이다. 따라서 소형기부터 대형기까지 많은 프로펠러기가 터보프롭을 채택한다.

다음 페이지에 있는 그림은 롤스로이스의 다트 엔진이다. 일본항공기제조(日本航空機製造, 일본의 항공기 제조사)의 YS-11에 장착한 대표적인 터보프롭이다. 엔진 출력의 약 90%를 축출력으로, 나머지 약 10%를 배기 반동으로 추력을 생성한다.

터보프롭 엔진

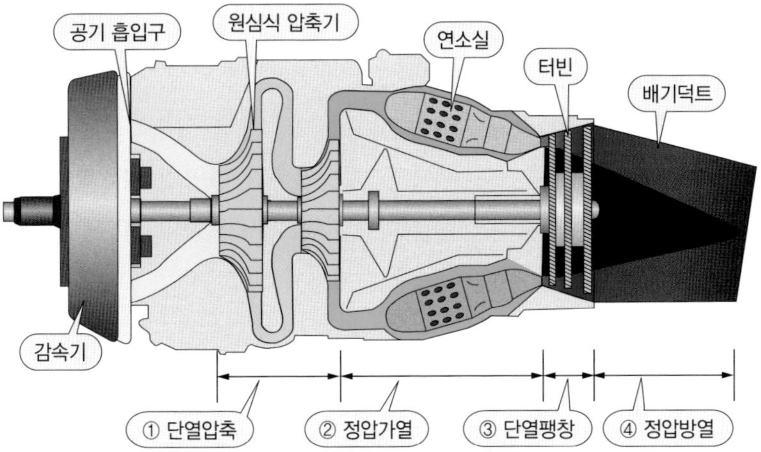
공기 흡입구
원심식 압축기
연소실
터빈
배기덕트
감속기
① 단열압축
② 정압가열
③ 단열팽창
④ 정압방열

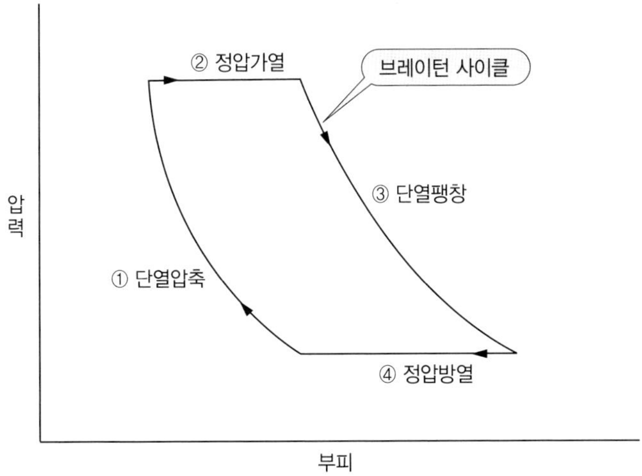
② 정압가열
브레이턴 사이클
③ 단열팽창
압력
① 단열압축
④ 정압방열
부피

터보프롭의 축출력

축마력, 추력마력, 상당축마력

피스톤 엔진의 회전속도는 최대 6,000 rpm(회전/분) 정도이고, 통상적인 운전 범위는 2,000~3,000 rpm이다. 이는 프로펠러의 회전속도에 가깝기 때문에 회전축과의 사이에 있는 조속기(속도조절기)에 의해 프로펠러를 일정한 회전속도로 조정한다. 한편, 터보프롭의 회전속도는 아이들링(idling) 시에도 6,000 rpm 이상이어서 프로펠러를 구동하기에는 회전속도가 너무 빠르기 때문에 감속기를 거쳐 출력을 낸다. 따라서 터보프롭의 축출력은 피스톤 엔진의 축출력 BHP와 구별해서 **SHP**(shaft horsepower, 축마력)로 표현한다.

또한 엔진 출력의 일부가 가스 분사에 의한 추력으로 변환되는 엔진의 경우에는 추력을 마력으로 환산한 추력마력(THP, thrust horsepower)을 사용한다. 그리고 터보프롭의 카탈로그 성능표에 싣는 축출력으로서는 축마력에 추력마력을 더한 상당축마력(ESHP, equivalent shaft horsepower)을 사용한다.

예를 들어, 앞 항목에서 설명한 다트 엔진의 카탈로그에는 이륙할 때의 축마력은 2775 SHP, 가스 분사에 의한 추력은 336 kg이라고 되어 있다. 이륙속도를 100노트(약 51 m/s)라고 했을 때의 추력마력은 다음과 같이 환산할 수 있다.

$$(\text{추력마력}) = 336 \times 51/75 = 228\ \text{THP}$$

그리고 이 추력마력의 몇 %가 항공기를 추진하는 일을 했는지 나타내는 추진 효율(또는 프로펠러 효율)을 80%라고 하면 다음과 같은 식이 성립한다.

$$(\text{상당축마력}) = 2775 + 228/0.8 = 3060\ \text{ESHP}$$

터보프롭의 축출력

(마력) = (힘)×(속도), 그리고 1마력은 75 kg · m/s이므로, 추력을 마력으로 단순히 변환하면 다음과 같다.

$$(\text{추력마력}) = \frac{(\text{추력}) \times (\text{비행속도})}{75} \qquad (\text{미터 단위})$$

여기에서 추력마력을 축마력에 더하려면, 추력마력 에너지의 몇 %가 항공기를 추진하는 일에 사용되었는지를 고려해야 한다.

$$(\text{추진 효율}) = \frac{(\text{앞으로 나가게 한 일})}{(\text{엔진 출력 에너지})}$$

즉, 추력마력은 항공기를 앞으로 전진시킨 결과의 값이며, 다음과 같이 나타낸다.

$$(\text{추력마력}) = (\text{추진 효율}) \times (\text{일하기 전의 추력마력})$$

축마력(SHP)은 프로펠러를 돌리는 일을 하기 전의 마력이므로, 추력마력도 일하기 전의 마력으로 환산해야 한다.

$$(\text{일하기 전의 추력마력}) = \frac{(\text{추력마력})}{(\text{추진 효율})}$$

따라서 추력을 마력으로 환산한 값에 축마력을 더한 상당축마력은 다음과 같다.

$$(\text{상당축마력}) = \frac{(\text{축마력}) + (\text{추력}) \times (\text{비행속도})}{75 \times (\text{추진 효율})}$$

덧붙여, 피트 단위의 경우에는 75를 550으로 바꾼다.

터보제트

흡입한 공기를 가속해서 추력을 얻는다

터보프롭은 엔진 출력의 80~90%를 프로펠러 회전을 위한 출력으로, 10~20%를 분사에 의한 추력으로 사용하는 엔진이다. 이에 비해, 엔진 출력의 100%를 가스 분사에 의한 추력으로 사용하는 엔진이 터보제트(turbojet)다.

터보제트는 터보프롭처럼 회전 에너지를 얻는 엔진이 아니라, 고압 · 고온 가스의 압력에너지를 운동에너지로 변환하고 배기노즐을 통해 고속으로 분사해서 그 반동으로 추력을 얻는 엔진이다. 초창기에는 원심식 압축기를 사용했으나, 오늘날에는 압축률을 높일 수 있는 축류식 압축기를 널리 사용한다. 저압 압축기와 고압 압축기로 이루어진 2축 방식이나, 여기에 중압 압축기까지 더한 3축 방식으로 되어 있다. 각각의 압축기는 기계적으로 연결되어 있지 않으며 서로 공기역학적으로 영향을 주고받으며 회전한다.

압축기가 후단으로 갈수록 좁아지는 이유는 압축되어 부피가 작아진 공기의 유속을 일정하게 유지하기 위해서다. 압축된 공기는 연소실에 들어가기 전에 디퓨저 케이스를 통과한다. 이 케이스 안에서 확산 작용으로 공기흐름을 감속해서 연소에 적절한 유속으로 만든다. 연소실에서 열에너지가 가해져서 고온 · 고압이 된 가스는 터빈을 돌린다. 터빈이 뒷쪽으로 갈수록 커지는 이유는 고온 · 고압 가스를 팽창시킴으로써 그 에너지를 효율적으로 추출하기 위해서다. 터빈을 돌리는 일을 끝낸 고압 · 고온 가스는 출구가 좁은 배기 노즐 내에서 가속되어 외기로 분사된다. 그 반작용으로 추력이 발생한다.

터보제트

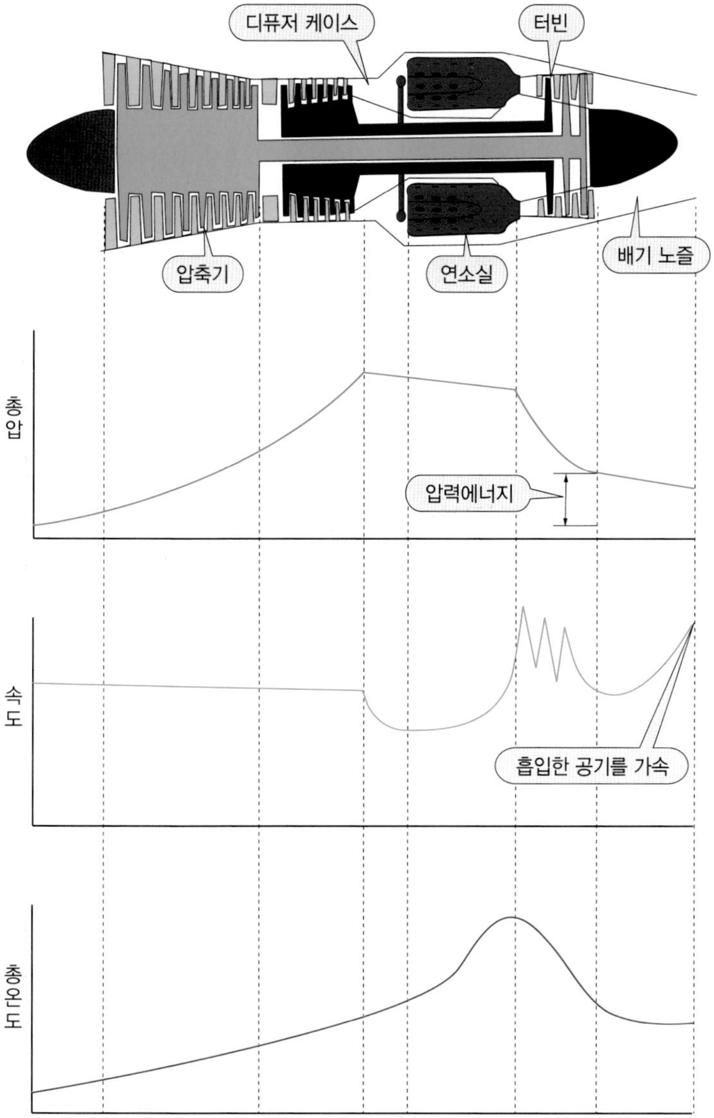

터보팬

팬으로 분사하여 추력을 얻는다

터보제트처럼 엔진 출력 에너지를 전부 분사에너지로 바꾸어 추력을 얻는 방법은 초음속 비행을 하지 않는 이상 그다지 좋은 방법이 아니다. 음속 이하, 예를 들어 비행속도 300 km/h 전후에서는 터보제트보다 터보프롭의 추력효율이 훨씬 좋다.

그러나 터보프롭은 500 km/h 이상에서 비행하면 추진 효율이 급격히 나빠진다. 그래서 500 km/h 이상에서 초음속 영역까지의 범위에서는 터보제트와 터보프롭의 장점을 살린 터보팬(turbofan) 방식을 효율적으로 운용한다. 터보팬은 덕트(duct) 속의 팬(송풍기)을 돌려 추진력을 얻는 엔진이다. 공기 흡입구보다 덕트 안이 더 넓기 때문에 확산 작용으로 인해 팬으로 유입되는 공기의 속도가 감속된다. 따라서 고속으로 비행해도 팬의 효율 저하를 막을 수 있다.

터보팬의 추력은 팬이 생성하는 추력과 코어 엔진(압축기, 연소실, 터빈으로 이루어진 부분)이 생성하는 추력으로 나눌 수 있다. 따라서 팬을 통과하는 공기량과 코어 엔진을 통과하는 공기량의 비율, 즉 바이패스비(bypass ratio)가 중요하다. 이 바이패스비가 크면 팬이 생성하는 추력이 크다는 뜻이다. 팬이 생성하는 추력이 전체의 80% 이상이 되는 엔진도 있다. 터보팬은 추력 효율이 좋을 뿐 아니라, 팬을 통과한 공기가 코어 엔진에서 나오는 연소 가스를 둘러싸기 때문에 소음이 매우 작다는 큰 장점도 있다.

(역자주: 코어 엔진의 냉각을 돕기도 하고 배기가스의 온도를 낮춤으로서 적외선 방출량을 현격하게 감소시키는 효과도 있다.)

터보팬

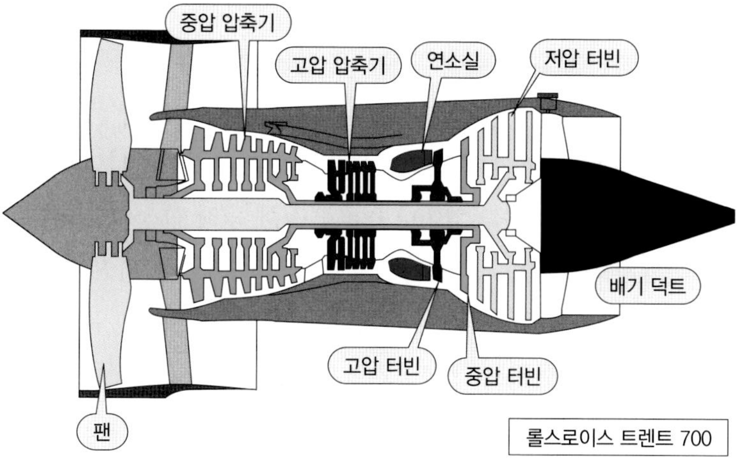

롤스로이스 트렌트 700

$$바이패스비 = \frac{팬을\ 통과하는\ 공기량}{엔진\ 내부를\ 통과하는\ 공기량}$$

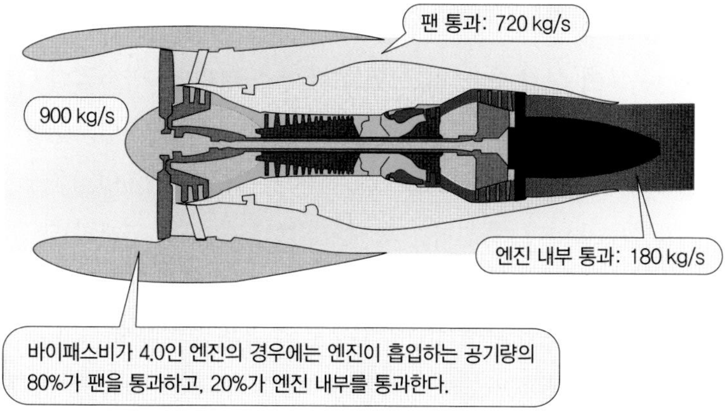

GE CF6 엔진

제트 엔진의 출력 제어

풀 레이팅과 플랫 레이팅

제트 엔진에서 가장 혹사당하는 부분은 터빈이다. 터빈은 고압 · 고온 가스를 받아 고속 회전하기 때문에 크리프(creep)가 생길 우려가 있다. 외력이 일정하더라도 열이나 원심력 등에 의해 시간이 지날수록 터빈이 변형되는 현상을 크리프라고 한다. 크리프가 진행되면 터빈이 케이스 등 주변 부품과 접촉하게 되어 고장의 원인이 된다. 그래서 터빈 입구의 온도를 엄격히 제한해야 한다.

터빈 입구의 온도는 엔진이 흡입하는 공기의 온도에 큰 영향을 받는다. 그러므로 기온이 높아짐에 따라 연소실 내에 흐르는 연료를 줄여야 한다. 즉, 추력을 줄여야 한다는 뜻이다. 기온과 추력의 관계는 다음 페이지에 나오는 그래프의 빨간 선으로 나타낼 수 있다. 이처럼 온도로 제한하는 추력을 풀 레이팅(full rating)이라고 한다. 레이팅(rating, 정격)이란, 엔진의 설계상 보증되는 운용한계를 말한다.

기온 뿐만 아니라 기압도 고려해야 한다. 기온이 낮다고 해서 터빈 입구의 온도에 신경 쓰지 않고 연료 유량을 늘리면, 연소압력이 너무 높아져서 엔진 내부 강도에 문제가 발생한다. 그러므로 연소실로 흐르는 연료의 유량을 일정하게 유지해야 한다. 즉, 추력을 일정하게 유지해야 한다는 뜻이다. 흡입하는 공기의 압력이 높으면 연소압력도 높아지므로, 기압에 따라 추력을 제한해야 한다. 그래프처럼 기압이 높으면 녹색 선이 아래로 평행이동을 하므로 추력을 줄여야 하지만, 기압이 낮아지면 녹색 선이 위로 평행이동을 하므로 추력을 늘릴 수 있다. 이처럼 압력에 따라 제한하는 추력을 플랫 레이팅(flat rating)이라고 한다.

제트 엔진의 출력 제어

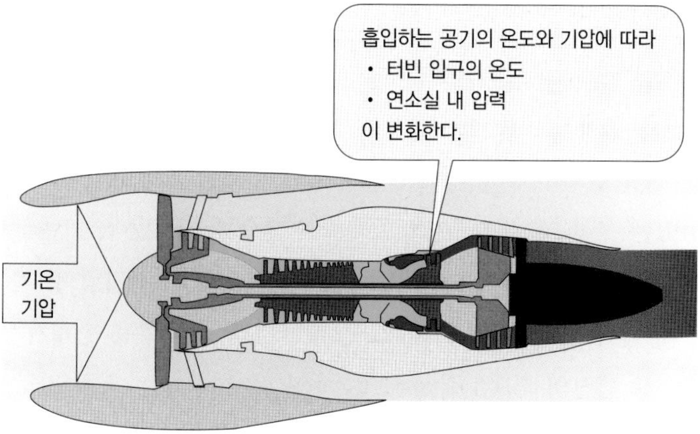

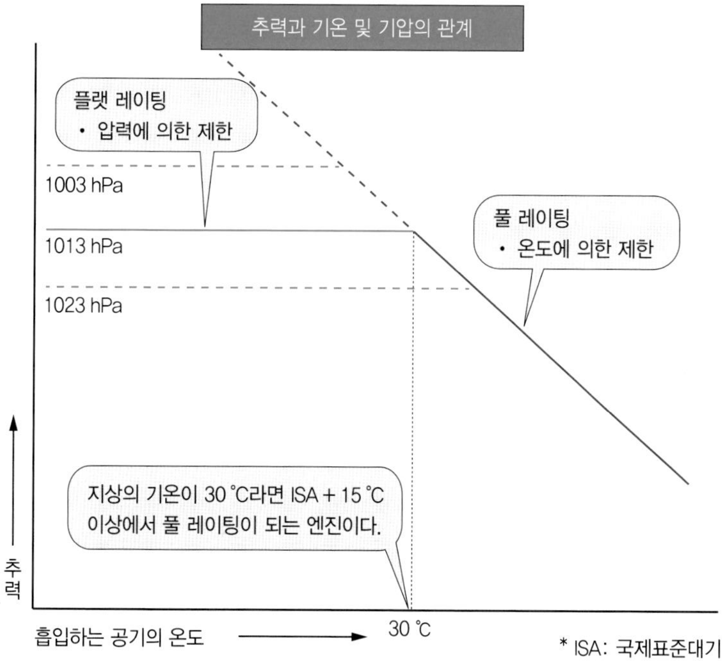

* ISA: 국제표준대기

엔진의 정격

안정성과 경제성을 위해

엔진은 설계상 보증되는 운용한계 내에서 운전해야 한다. 운용한계란, 엔진을 안전하게 운용할 수 있는 허용한계를 말한다. 엔진의 정격출력 또는 정격추력은 이 운용 한계를 기준으로 설정된다.

피스톤 엔진에는 최대마력 또는 토크, 회진속도, 흡기입력, 윤활유 온도, 실린더 헤드 온도, 임계 고도, 제한시간 등에 운용 한계가 있다. 또한 제트 엔진의 최대추력(터보프롭은 최대 마력 또는 토크), 회전속도, 배기가스 온도, 제한시간 등에도 운용 한계가 있다. 배기가스 온도가 운용 한계에 포함되는 이유는 터빈 입구의 온도가 고온이라서 직접 계측할 수 없기 때문이다. 이러한 운용한계를 준수함으로써 안전하고 경제적인(정비 비용 절감 등) 운전을 할 수 있다.

피스톤 엔진이나 터보프롭의 정격출력에는 이륙출력과 최대연속출력이 있다. 이륙출력은 이륙할 때 상용할 수 있는 최대출력이며, 사용 제한 시간이 1~5분이다. 최대연속출력은 제한시간 없이 연속해서 사용할 수 있는 정격출력이다. 제트 엔진은 다음 페이지에 나오는 그림 같은 방법으로 설정된 이륙추력(제한 시간은 5분 또는 10분)과 운용 제한시간이 없는 최대연속추력이 있다. 이러한 정격추력 외에 최대상승추력, 최대순항추력 등의 정격추력을 설정하는 엔진도 있다. 엔진이 흡입하는 공기의 온도는 지상에서는 활주로상의 외기 온도이고, 비행 중에는 비행고도의 외기온도 및 비행속도와 함께 상승하는 온도를 합한 총온도(TAT)다.

엔진의 정격

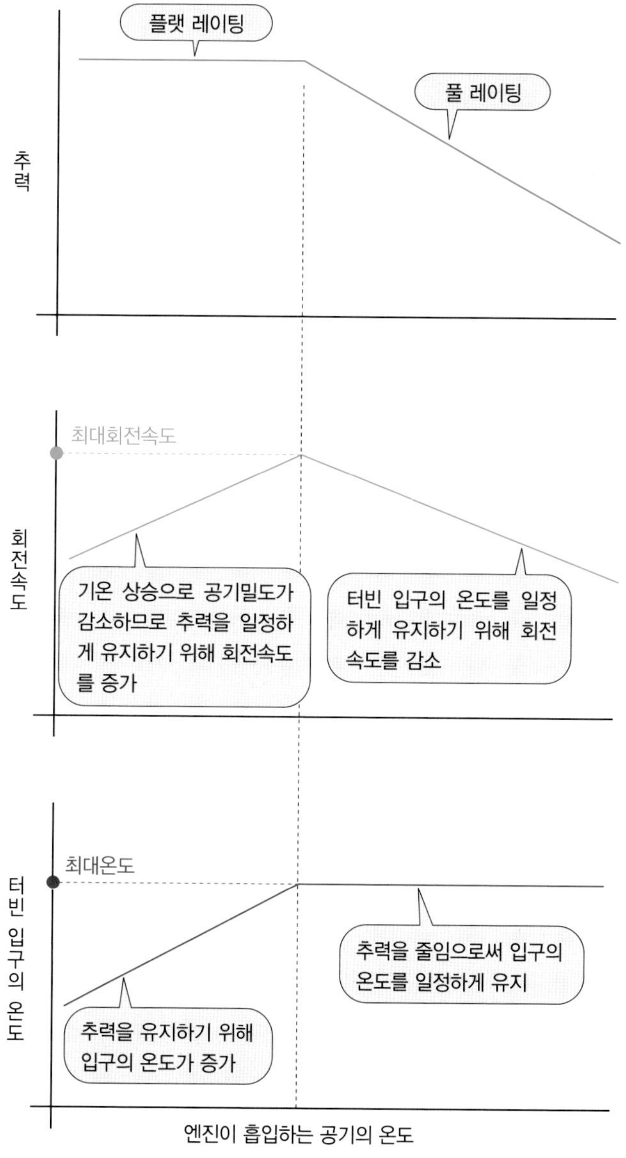
플랫 레이팅
풀 레이팅
추력
최대회전속도
회전속도
기온 상승으로 공기밀도가 감소하므로 추력을 일정하게 유지하기 위해 회전속도를 증가
터빈 입구의 온도를 일정하게 유지하기 위해 회전속도를 감소
최대온도
터빈 입구의 온도
추력을 줄임으로써 입구의 온도를 일정하게 유지
추력을 유지하기 위해 입구의 온도가 증가
엔진이 흡입하는 공기의 온도

추력공식

추력은 얼마나 가속해서 분사하느냐로 정해진다

제트 엔진의 추력 크기는 흡입한 공기를 얼마나 가속해서 분사하느냐로 정해진다. 이 관계를 식으로 나타내보자.

힘은 뉴턴의 운동방정식에 따라 다음과 같다.

(힘) = (질량) × (가속도)

그러나 유체인 공기는 고체와 달리 질량이 시시각각 변화한다. 그래서 공기의 힘이 매초 얼마나 변화하는지, 다시 말해 공기 운동량의 시간당 변화를 힘으로 봤을 때 다음과 같은 식으로 추력을 나타낼 수 있다.

(추력) = (공기의 질량) × (분사속도)/(시간)

= (공기의 질량/시간) × (분사속도)

다만, 엔진이 흡입하는 공기의 단위는 무게이므로

(무게) = (질량) × (중력가속도)

라는 관계에 따라 다음과 같은 식이 성립한다.

(공기의 질량) = (공기의 무게)/(중력가속도)

여기에서 엔진이 흡입하는 공기의 속도가 문제가 된다. 임의의 속도로 비행할 때 엔진이 흡입하는 공기의 속도는 비행속도와 동일하다. 따라서 비행속도 이상의 속도로 분사해야만 공기에 운동을 부여함으로써 항공기를 나아가게 하는 힘을 얻을 수 있다. 이처럼 비행속도 이상으로 분사함으로써 효과를 얻는 추력을 순추력(net thrust)이라고 한다. 한편, 엔진이 생성하는 추력을 총추력(gross thrust)이라고 한다. 항공기가 정지한 상태에서는 총추력이 순추력과 같다.

추력공식

W_{af}: 팬으로 유입되는 공기의 단위시간당 무게(kg/s)

W_{ac}: 코어 엔진에 유입되는 공기의 단위시간당 무게(kg/s)

V_a: 비행속도(m/s)　　g: 중력가속도(m/s^2)

V_{jc}: 코어 엔진의 분사속도(m/s)　　V_{jf}: 팬의 분사속도(m/s)

(A) F_n: 순추력(net thrust)

- 터보제트의 경우

$$F_n = \frac{W_{ac}}{g}(V_{jc} - V_a)$$

- 터보팬의 경우

$$F_n = \frac{W_{af}}{g}(V_{jf} - V_a) + \frac{W_{ac}}{g}(V_{jc} - V_a)$$

(B) Fg: 총추력(gross thrust)

- 터보제트의 경우

$$F_g = \frac{W_{ac}}{g}(V_{jc})$$

- 터보팬의 경우

$$F_g = \frac{W_{af}}{g}(V_{jf}) + \frac{W_{ac}}{g}(V_{jc})$$

149쪽 그림의 예에 있는 CF6 엔진의 총추력

Waf = 720 kg/s, Wac = 180 kg/s, Vjf = 240 m/s, Vjc = 320 m/s

$$F_g = \frac{720}{9.8} \times 240 + \frac{180}{9.8} \times 320$$

$$\fallingdotseq 17630 + 5870 = 23500 \text{ kg}$$

추력과 속도

각 엔진의 추력과 속도의 관계

다음 페이지의 그래프는 코어 엔진이 동일한 경우에 터보프롭, 터보팬, 터보제트의 순추력 크기를 비교한 것이다. 왜 이러한 그래프가 나타나는가?

추력공식은 다음과 같다.

(순추력) = (매초 흡입하는 공기의 양) × (분사속도 − 비행속도)

이 식에서 추력을 키우려면 흡입하는 공기의 양을 늘리는 방법과 분사속도를 빠르게 하는 방법 등 두 가지 방법이 있음을 알 수 있다.

그래프처럼 비행속도가 0일 때의 순추력(정지추력이라고도 함)은 터보프롭이 가장 크다. 그 이유는 제트 엔진을 통과하는 공기의 양보다 프로펠러를 통과하는 공기의 양이 많기 때문이다. 그러므로 이륙할 때의 성능은 프로펠러기가 뛰어나다. 그런데 비행속도가 300 km/h 이상이 되면 프로펠러기의 순추력은 급감한다. 이는 프로펠러 끝을 통과하는 공기속도가 음속을 넘어서 항력이 급격히 증가함에 따라 프로펠러 효율이 저하하기 때문이다.

한편, 터보팬이나 터보제트는 500 km/h까지는 완만하게 저하하지만, 그 이상의 속도에서는 비행속도에 그다지 영향을 받지 않는다. 그 이유는 비행속도가 빨라질수록 공기가 압축되어 엔진에 흡입되는 양이 자연스럽게 늘어나기 때문이다. 이를 램 효과(ram effect)라고 한다. 공기가 희박해지는 높은 고도가 되면 이 램 효과의 영향이 더욱 커진다.

이로써 터보프롭은 저고도 · 아음속, 터보팬은 천음속, 터보제트는 초음속에 적합하다는 사실을 알 수 있다.

추력과 속도

(순추력) = (매초 흡입하는 공기의 양) × (분사속도 – 비행속도)

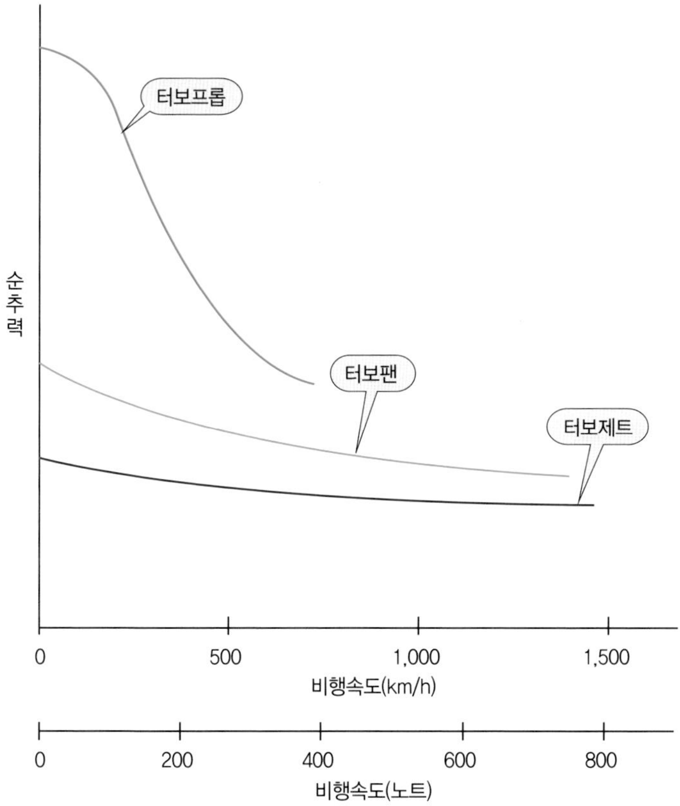

※ 코어 엔진이 동일한 경우, 고도 0 m에서의 순추력 크기 비교

추진 효율

느린 속도로 분사해야 효율이 좋다

추진 효율은 엔진 출력 에너지의 몇 %가 항공기를 앞으로 나아가게 하는 데 사용되었는지를 알기 위한 것이다. 다음과 같은 식으로 나타낼 수 있다.

(추진 효율) = (앞으로 나아가게 한 일)/(엔진 출력 에너지)

이 추진 효율을 수식으로 나타내보자. 우선 일의 공식은 다음과 같다.

(일) = (힘) × (거리)　(단위: kg · m)

에너지는 일을 하는 능력을 의미하므로 에너지와 일의 단위는 동일하다. 그리고 항공기를 앞으로 나아가게 하는 힘이 추력이므로, 1초 동안 항공기를 나아가게 하는 힘은 다음과 같다.

(앞으로 나아가게 한 일) = (추력) × (비행속도)

한편 일을 한 엔진의 출력 에너지는 공기를 흡입할 때의 속도, 즉 비행속도 이상으로 가속해서 공기에 운동에너지를 부여한 것이므로 다음 페이지의 식처럼 된다. 따라서 추진 효율은 다음과 같이 나타낼 수 있다.

(추진 효율) = 2/{1 + (분사속도/비행속도)}

이 식에서는 분사속도가 비행속도에 가까울수록 추진 효율이 1.0, 즉 100%에 가까워진다는 점을 알 수 있다. 그러나 분사속도가 비행속도와 동일해지면 순추력이 발생하지 않으므로 이론적으로 100%의 추진 효율은 존재하지 않는다.

또한 비행속도가 음속 이하일 경우에는 대량의 공기를 비행속도에 가까운 속도로 분사하는 편이 분사속도를 빠르게 만드는 방법보다 추진 효율이 좋다는 사실을 알 수 있다.

추진 효율

W_a: 매초당 공기의 무게

m: 공기질량

V_a: 비행속도

V_j: 분사속도

$$\text{추진 효율} = \frac{\text{앞으로 나아가게 한 일}}{\text{엔진 출력 에너지}}$$

$m = \frac{W_a}{g}$ 이므로, 추력 T는 $T = m(V_j - V_a)$

따라서

$$\text{앞으로 나아가게 한 일} = m(V_j - V_a)V_a$$

$$\text{엔진 출력 에너지} = \frac{1}{2}mV_j^2 - \frac{1}{2}mV_a^2$$

$$= \frac{1}{2}m(V_j^2 - V_a^2)$$

따라서 추진 효율 η는 다음과 같다.

$$\eta = \frac{m(V_j - V_a)V_a}{\frac{1}{2}m(V_j^2 - V_a^2)}$$

$$= \frac{(V_j - V_a)V_a}{\frac{1}{2}(V_j - V_a)(V_j + V_a)}$$

$$\therefore \eta = \frac{2}{1 + \frac{V_j}{V_a}}$$

$$\text{추진 효율} = \frac{2}{1 + (\text{분사속도}/\text{비행속도})}$$

엔진과 추진 효율

추진 효율로 역할이 정해진다

이번에는 추진 효율을 이용해서 터보프롭은 아음속, 터보팬은 천음속, 터보제트는 초음속에 각각 적합하다는 사실을 재확인해본다.

먼저 터보프롭은 다음 페이지에 나오는 그림을 보면 비행속도 약 600 km/h까지는 추진 효율이 가장 좋다는 사실을 알 수 있다. 프로펠러의 분사속도가 진행속도에 가깝기 때문이다. 그러나 비행속도가 약 600 km/h 이상이 되면 추진 효율이 급격히 떨어진다. 프로펠러의 회전속도가 일정하더라도, 항공기의 진행속도가 빨라질수록 프로펠러 끝의 상대속도가 음속을 넘어버려서 충격파가 발생하는 것이 원인이다. 엔진이 프로펠러를 돌리는 일을 하더라도 프로펠러에서 발생한 충격파에 의해 조파항력이 나타나서 추력이 극단적으로 작아지는 것이다. 이런 문제가 있기 때문에 터보프롭은 공기의 압축성을 고려하지 않아도 되는 아음속 영역에서 비행하는 데 적합하다는 사실을 알 수 있다.

터보제트는 고속이 될수록 추진 효율이 좋아진다. 그 이유는 터보프롭처럼 분사속도를 비행속도에 가까워지도록 하는 것이 아니라, 비행속도가 분사속도에 가까워짐으로써 (분사속도)/(비행속도)가 1에 가까워지기 때문이다. 다만, 속도가 빨라질수록 램 효과에 의해 엔진에 흡입되는 공기의 온도가 높아지고 터빈의 내열성 문제가 발생하는 까닭에, 마하 3 정도가 최대 속도가 된다.

터보팬은 천음속 영역에서 비행할 때 추진 효율이 양호하므로 터보프롭과 터보제트의 중간 영역을 담당한다. 음속에 가까워지면 추진 효율이 저하하는 이유는 프로펠러와 마찬가지로 팬 회전속도의 한계 때문이다.

엔진과 추진 효율

$$\text{추진 효율} = \frac{2}{1 + (\text{분사속도})(\text{비행속도})}$$

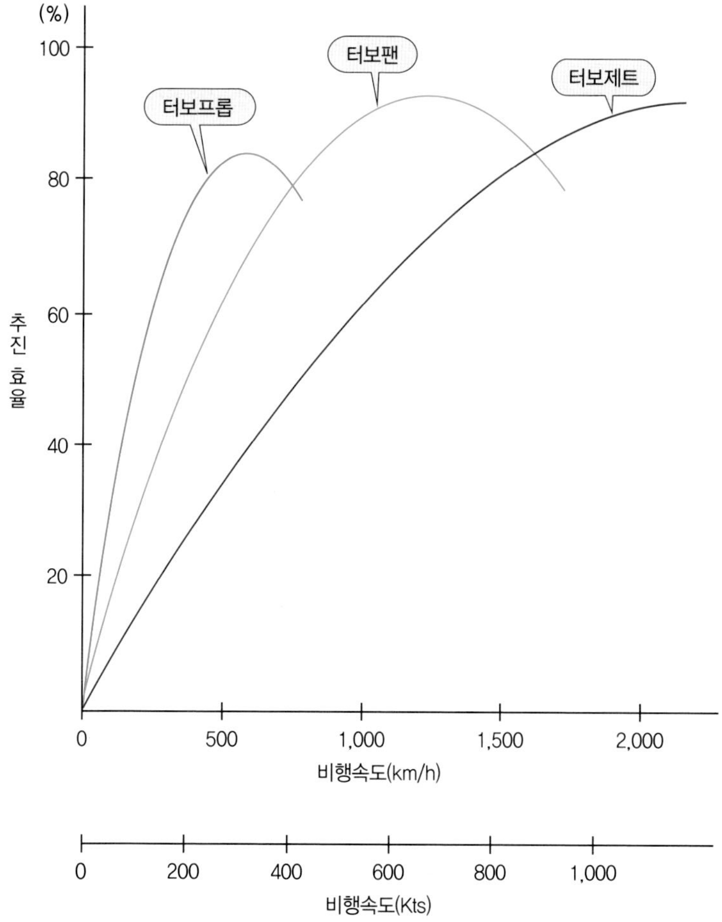

프로펠러 운동량 이론

제트 엔진과 동일한 개념

프로펠러의 추력 발생 메커니즘은 운동량 이론(momentum theory)과 깃 요소 이론(blade element theory)으로 설명할 수 있다. 운동량 이론은 제트 엔진의 추력 발생과 마찬가지로, 프로펠러가 공기를 가속해서 후방으로 보내는 데 대한 반작용을 추력으로 얻는다는 개념이다. 우선 운동량 이론부터 알아보자.

다음 페이지 상단의 그림처럼 프로펠러의 회전면을 앞에서 본 모습을 프로펠러 원판이라고 한다. 이 원판을 통과하는 단위시간당 공기의 질량은 다음과 같다.

(공기질량) = (공기밀도) × (원판통과속도) × (원판면적)

프로펠러의 추력은 제트 엔진의 추력과 마찬가지로 원판이 공기를 가속하고 후방으로 분사함으로써 공기에 운동을 부여하는 데 대한 반작용이라고 생각하면 다음과 같이 나타낼 수 있다.

(추력) = (공기질량) × (분사속도 − 비행속도)

또한 프로펠러 원판 전방의 정압과 원판 후방의 정압과의 압력 차가 프로펠러 원판을 앞으로 나아가게 하는 힘, 즉 추력이라고 생각할 수 있으므로 다음과 같은 식이 성립한다.

(추력) = (원판 전방의 정압 − 원판 후방의 정압) × (원판면적)

수식으로 나타내면 다음 페이지와 같다. 그리고 이 두 가지 추력의 식에서 프로펠러가 가속한 속도는 다음과 같다.

(가속한 속도) = 1/2 × (후류에서의 속도 + 비행속도)

이 식에서 프로펠러를 통과하기 전에 절반의 속도까지 가속되고, 나머지 절반은 프로펠러를 통과한 후에 가속된다는 사실을 알 수 있다.

운동량 이론

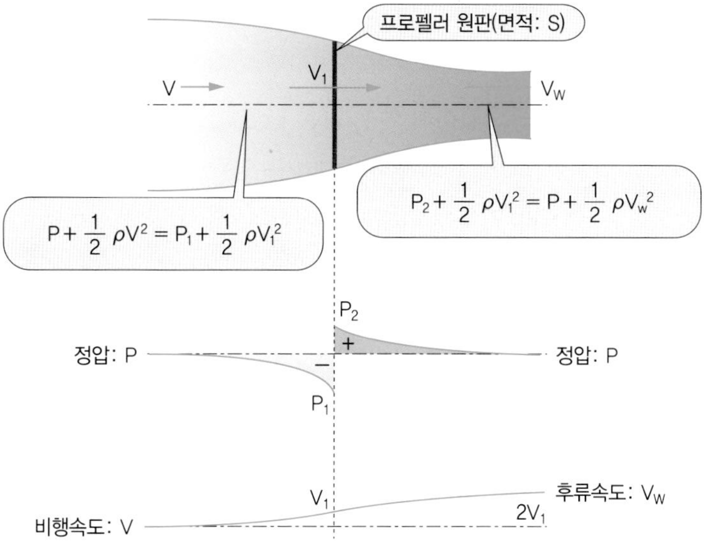

원판을 통과하는 단위시간당 공기의 질량은 $\rho V_1 S$이므로, 추력을 T라고 하면 제트 엔진의 추력과 마찬가지로

$$T = \rho V_1 S(V_w - V)$$

가 된다.

또한 추력 = $(P_2 - P_1)S$이므로 다음과 같이 표현할 수 있다.

$$T = \frac{1}{2}\rho(V_w^2 - V^2)S$$

두 가지 추력의 식으로부터 다음과 같은 식이 성립한다.

$$V_1 = \frac{1}{2}(V_w + V)$$

깃 요소 이론

극소 부분을 전개

깃 요소 이론은 프로펠러의 매우 얇은 단면인 깃 요소를 주날개와 동일하게 생각하고, 그 깃 요소에서 발생하는 양력과 항력의 합력을 추력으로 삼아 프로펠러 전체에 전개하는 것이다. 다시 말해, 깃 요소에 발생하는 미세 추력을 프로펠러 반지름 크기로 적분함으로써 전체 추력을 이끌어내는 것이다. 운동량 이론에서 다루지 않는 회전속도, 추력, 피치각 등의 관계를 깃 요소 이론에서는 밝힐 수 있다. 피치란, 프로펠러가 1회전하는 사이에 전진하는 거리를 말한다. 피치각이 크면 1회전하는 사이에 전진하는 거리가 길어지고, 반대로 피치각이 작으면 전진하는 거리가 짧아진다.

피치각과 추력의 관계를 설명하면, 깃 요소가 발생시키는 양력은 주날개와 마찬가지로 특정 받음각에서 가장 양호하다. 그러므로 양력과 항력의 합력인 추력이 가장 양호해지는 받음각이 되도록 프로펠러를 돌리면 효율적으로 추진할 수 있다. 그러나 비행속도가 달라지면 깃 요소의 받음각도 변한다. 그래서 피치각을 비행속도에 맞춰 변화시키면 효율적으로 추력을 얻을 수 있는 받음각으로 바꾸는 것이 가능하다.

피치각을 바꿀 수 있는 프로펠러를 가변피치프로펠러(variable pitch propeller)라고 한다. 예를 들어, 비행속도가 빨라지면 받음각이 작아지고, 이때 피치각을 키우면 받음각을 가장 좋은 상태로 유지할 수 있다. 그러나 피치각에도 한계가 있다. 일정 속도 이상이 되면 받음각은 작아지기 때문에 깃 요소가 발생시키는 추력은 급격히 줄어든다. 즉, 프로펠러 효율이 저하된다.

깃 요소 이론

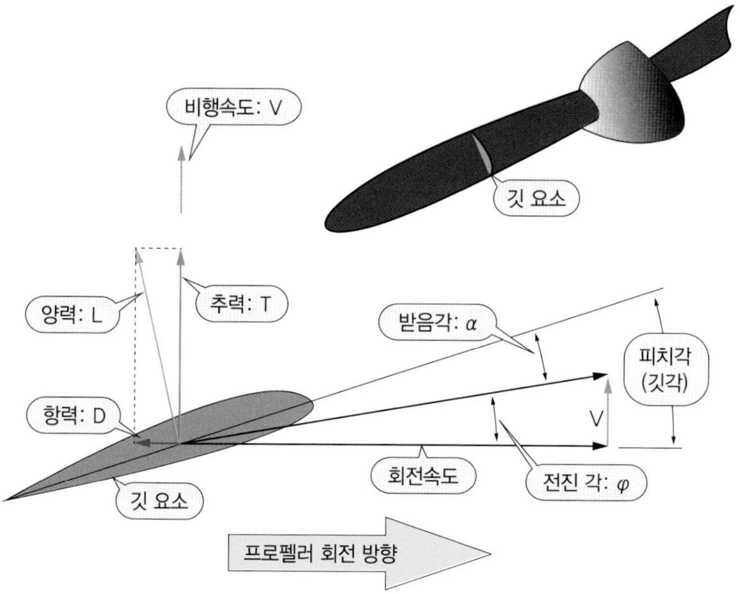

비행속도: V
깃 요소
양력: L
추력: T
받음각: α
피치각
(깃각)
항력: D
V
회전속도
전진 각: φ
깃 요소
프로펠러 회전 방향

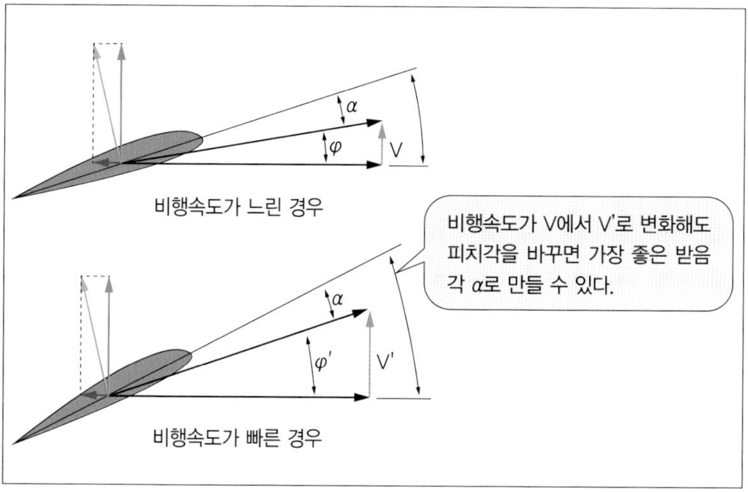

α
φ
V
비행속도가 느린 경우
비행속도가 V에서 V'로 변화해도 피치각을 바꾸면 가장 좋은 받음각 α로 만들 수 있다.
α
φ'
V'
비행속도가 빠른 경우

토크 반작용과 자이로 효과

일방 회전 프로펠러의 작용

같은 방향으로 회전하는 프로펠러는 항공기에 비대칭 현상을 초래한다. 그 성질 가운데 하나인 토크 반작용을 알고 있던 라이트형제는 좌우 두 개의 프로펠러를 각각 반대 방향으로 회전시켰다.

토크 반작용이란, 프로펠러를 회전시키는 반작용으로서 기체 측에 작용하는 회전력을 말한다. 예를 들어, 조종석에서 봤을 때 우회전하는 단발 프로펠러기의 경우에는 프로펠러를 돌리는 토크 반작용으로 인해 엔진 출력을 높이면 왼쪽 횡운동을 일으키고, 고출력에서 출력을 갑자기 줄이면 오른쪽 횡운동을 일으킨다. 이에 대한 대책으로서는 보조날개 트림으로 횡운동 모멘트를 발생시켜서 이를 상쇄할 수 있다.

헬리콥터는 주로터만 작동시키면 토크 반작용이 일어나 기체가 회전해버리기 때문에 꼬리로터로 그 회전력을 없애서 균형을 잡는다. 미국계 엔진과 프로펠러는 우회전 한다. 미국에서는 제트 엔진도 그 영향을 받아 우회전으로 만든다. 한편 롤스로이스제 엔진은 터보프롭, 제트 엔진 모두 좌회전하도록 만든다.

프로펠러는 자이로의 성질도 지닌다. 자이로는 한 군데 힘을 가하면 가해진 힘에 대해 직각 또는 회전 방향으로 회전축을 움직이는 섭동(攝動, perturbation; 역학계에서 힘의 작용에 의한 운동이 부차적 힘의 방향으로 교란되는 운동)이라는 성질을 지닌다. 우회전 프로펠러 단발기의 경우에는 우선회하려고 기수를 오른쪽으로 돌리면 섭동에 의해 기수가 내려가는 힘이 작용한다. 이 현상을 자이로 효과라고 한다. 자이로 효과는 이륙할 때처럼 낮은 고도에서 고출력으로 상승할 때 현저히 나타난다. 만약 이륙하면서 급선회한다면 기수가 내려가는 힘이 강해지므로 주의해야 한다.

토크 반작용

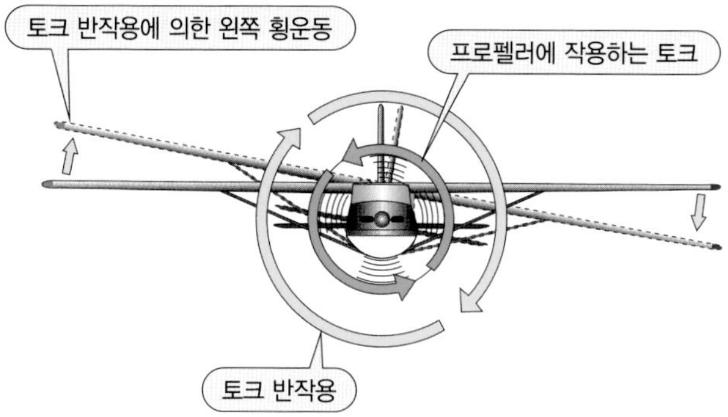

토크 반작용에 의한 왼쪽 횡운동
프로펠러에 작용하는 토크
토크 반작용

자이로 효과

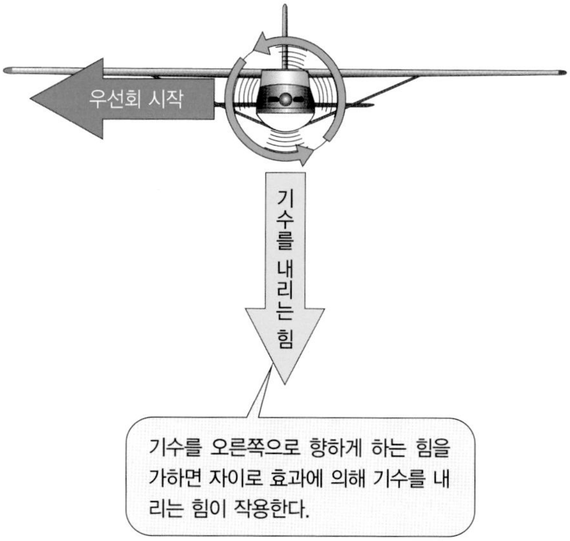

우선회 시작
기수를 내리는 힘
기수를 오른쪽으로 향하게 하는 힘을 가하면 자이로 효과에 의해 기수를 내리는 힘이 작용한다.

프로펠러 후류의 영향

주날개, 수평꼬리날개, 수직꼬리날개에 영향을 준다

프로펠러를 통과한 공기의 속도는 비행속도보다 빨라지고, 강한 회전류가 되어 주날개나 꼬리날개에 큰 영향을 준다.

단발 우회전 프로펠러기의 경우에는 오른쪽으로 도는 회전 후류가 발생해서 수직꼬리날개에 영향을 준다. 이 후류에 의해 방향타가 받음각을 가지게 되므로, 오른쪽 날개면에 양력이 생겨서 기수가 왼쪽으로 돌아가는 편운동 모멘트가 발생한다. 이는 앞 항목에서 살펴본 토크 반작용에 의한 왼쪽 횡운동 모멘트와 동일한 방향이 되므로 아무런 조작도 하지 않으면 좌선회하게 된다.

이에 대한 대책은 각 비행 단계 중에 비행시간이 가장 긴 순항 시에 조작 없이 직진 비행을 할 수 있도록 하기 위해 방향타를 항공기의 중심선에서 1~2° 틀어지게 설치하는 방법과 프로펠러 회전축의 부착각도를 비트는 방법이 있다. 다만, 이런 방법은 순항 중에만 균형을 잡도록 도와주기 때문에, 이착륙할 때나 상승할 때 등 순항 외의 비행 단계에서는 조종사가 각 타면으로 수정 조작을 해야 한다.

안정된 비행 상태에서 엔진 출력을 증가하면 주날개의 양력이 증가하고 수평꼬리날개의 하강각이 커지기 때문에 기수가 올라간다. 또한 토크 반작용에 의해 기체가 왼쪽으로 기울며, 프로펠러 후류의 영향으로 기수가 왼쪽을 향한다. 출력을 감소시키면 반대 현상이 발생한다. 이러한 엔진 출력 변화에 의해 나타나는 횡운동과 편운동은 보조날개와 방향타로 수정해야 한다(역자주: 훈련생들에게는 '좌상–우하'로 기억케 한다).

프로펠러 후류의 영향

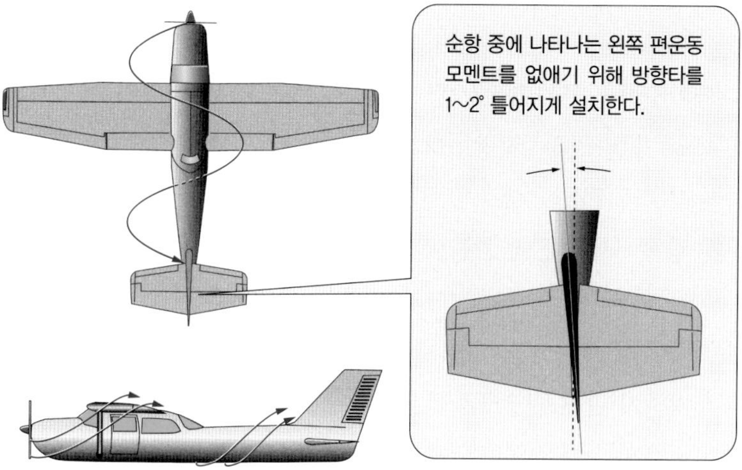

수평 비행 중에 엔진 출력을 증가시키면 프로펠러의 영향에 의해

↓

- 주날개의 양력이 증가하기 때문에 수평꼬리날개에 대한 공기 하강각이 커진다. ⇒ 기수가 올라간다.
- 토크 반작용에 의한 왼쪽 횡운동 모멘트 ⇒ 기체가 왼쪽으로 기운다.
- 프로펠러 후류에 의한 왼쪽 편운동 모멘트 ⇒ 기수가 왼쪽을 향한다.

P-팩터

좌우의 추력 차

프로펠러의 영향으로는 앞서 설명한 세 가지 현상 외에 P-팩터(P-factor) 또는 비대칭하중이라는 것도 있다. 이는 좌우추력이 비대칭이 되어 기수가 왼쪽을 향하게 되는 현상이다.

앞 항목에서는 공기 흐름이 프로펠러 회전면에 대해 수직이라고 가정하고 그 영향에 관해 설명했다. 하지만 실제로는 공기 흐름이 항상 수직은 아니다. 예를 들어 느린 속도로 비행할 때는 속도에 비례하는 양력을 유지하기 위해 주날개의 받음각을 증가시킨 자세, 즉 기수를 올린 자세로 비행하기 때문에 프로펠러 회전면과 공기 흐름은 수직이 아니다.

기수를 올린 자세는 프로펠러 회전축과 비행경로가 일치하지 않는다. 이런 자세로 비행하면 회전면과 평행한 속도 성분에 의해 프로펠러는 아래에서 상승하는 공기를 받는 상태로 회전하게 된다. 이 상승 공기에 의해 회전면의 오른쪽 절반은 역풍, 왼쪽 절반은 순풍을 받으며 회전한다. 따라서 회전면의 오른쪽 절반에서는 역풍 성분만 깃 요소를 통과하므로 공기의 속도가 빨라지고, 순풍 성분이 있는 왼쪽 절반에서는 느려진다.

그 결과, 오른쪽 절반을 통과하는 깃 요소의 받음각은 커져서 양력은 커지고, 왼쪽 절반을 통과하는 깃 요소의 받음각은 작아져서 양력은 작아진다. 따라서 회전면의 오른쪽 면에서 발생하는 추력이 왼쪽 면보다 커지므로, 기수를 왼쪽으로 향하게 하는 편운동 모멘트가 발생한다. 이 현상을 P-팩터라고 한다. 또한 양력의 차이는 유도항력의 차이로 이어지므로, 회전축 주위에서는 좌우 항력의 차이에 의해 기수를 위로 올리는 종운동 모멘트도 발생한다.

P-팩터

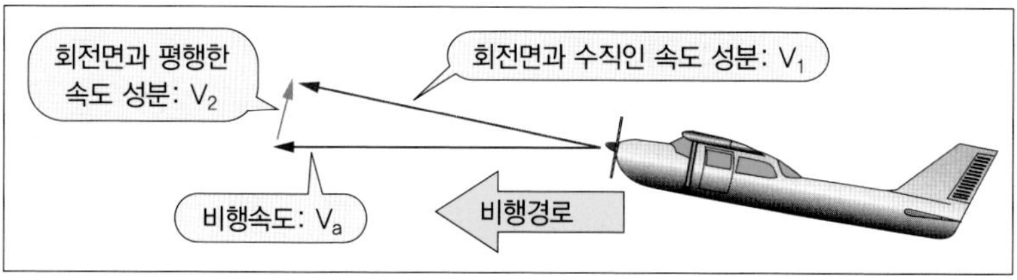

회전면과 평행한 속도 성분: V_2
회전면과 수직인 속도 성분: V_1
비행속도: V_a
비행경로

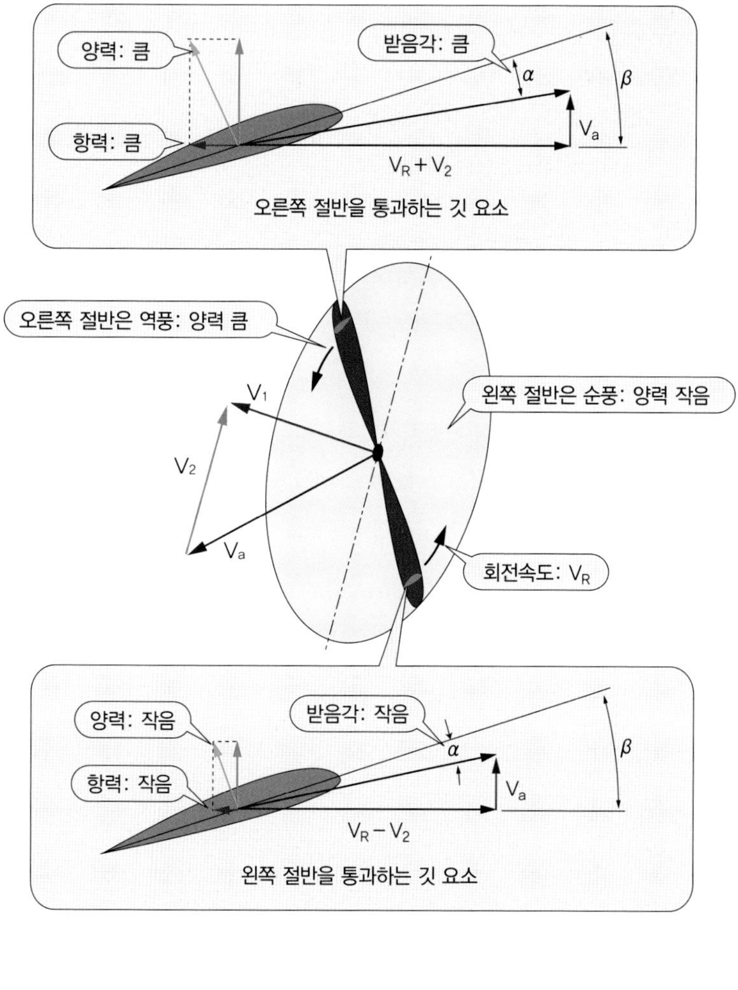

양력: 큼
받음각: 큼
α
β
항력: 큼
V_a
$V_R + V_2$
오른쪽 절반을 통과하는 깃 요소
오른쪽 절반은 역풍: 양력 큼
V_1
왼쪽 절반은 순풍: 양력 작음
V_2
V_a
회전속도: V_R
양력: 작음
받음각: 작음
α
β
항력: 작음
V_a
$V_R - V_2$
왼쪽 절반을 통과하는 깃 요소

COLUMN 5

기압고도계의 눈금

기압고도계는 비행하는 위치(고도)에서 측정한 기압을 고도로 환산해서 지시한다. 이때 눈금을 어떻게 나누는지 수식으로 나타내보겠다. 지상에서의 기압을 p_0, 특정 고도 H_p에서의 기압을 p, 기압비를 δ라고 한다.

(1) 36089.24 ft 이하인 경우

$$h_p = (288.15/0.0019812) * (1 - (p/p_0) \text{^}0.190263)$$
$$= 145442.15 * (1 - (p/p_0) \text{^}0.190263)$$
$$= 145442.15 * (1 - \delta \text{^}0.190263)$$

(2) 36089.24 ft를 초과한 경우

$$h_p = 36089.24 - 20805.8 * LN((p/p_0)/0.2233598)$$
$$= 36089.24 - 20805.8 * LN((p/p_0) * 4.47708)$$
$$= 36089.24 - 20805.8 * LN(\delta * 4.47708)$$

그런데 지상의 기압은 항상 1기압이 아니다. 따라서 지상의 기압에 맞춰 고도계의 원점을 리셋하는 고도계 수정(altimeter setting)을 해야 한다. 지상이 1기압이 아니라 $p_0 + \Delta_p$라면 다음과 같은 값만큼 고도계의 바늘을 움직여야 한다.

$$\Delta h_p = 145442.15 * (1 - ((p_0 + \Delta_p)/p_0) \text{^}0.190263)$$
$$= 145442.15 * (1 - (1 + (\Delta_p/p_0)) \text{^}0.190263)$$

제 6 장

비행성능

항공기는 법으로 정해진 '구조 및 성능에 관한 기준'을 충족하지 못하면 비행을 할 수 없다. 이륙해서 착륙할 때까지의 성능 기준, 항공기가 선회를 하는 등 하늘을 날 때 필요한 성능과 능력에 관해 살펴본다.

항공기의 내공성 분류

항공기의 분류에 따라 다른 성능 기준

항공기의 성능에 관해 이야기하기 전에 항공기란 무엇인지, 항공기의 종류는 어떻게 분류하는지를 설명한다.

일본 항공법 제2조에는 '항공기란 사람이 타서 항공용으로 사용할 수 있는 비행기, 회전 날개 비행기, 활공기 및 비행선, 기타 정령으로 정한 항공용 기기다.'라고 규정되어 있다. 이 내용으로 보면 항공기가 하늘을 나는 탈것의 총칭이라는 점을 알 수 있다. 그리고 다음 페이지에 나오는 항공기 분류의 개략도를 보면 항공기는 공기보다 가벼운 기체 등의 부력을 이용해서 하늘을 나는 기기가 아니라, 엔진 등의 동력을 이용해서 고정된 날개에 양력을 발생시켜 하늘을 나는 기기임을 알 수 있다.

또한 자동차가 도로를 안전하게 주행하기 위해 도로운송차량법 및 동 시행규칙이 있는 것처럼, 항공기의 경우에도 하늘을 안전하게 날 수 있는 구체적인 기준을 정한 항공법 시행규칙이 있다. 그 항공법 시행규칙 부속서 제1 '항공기 및 장비품의 안전성을 확보하기 위한 강도, 구조 및 성능에 관한 기준'에 적합하지 않으면 항공기는 하늘을 날 수 없다. 그 적합성을 심사하는 기준으로서 '내공성 심사 요령'이 있고, 내공성 분류마다 그 강도와 성능 등의 심사 기준이 세세히 정해져 있다.

내공성 분류란, 항공기의 종류나 용도에 따라 비행의 안전성을 확보하기 위한 강도, 구조 및 성능 등의 기준을 구별하기 위해 정해놓은 분류다. 항공기의 내공성 분류에는 곡예 A(acrobatic), 실용 U(utility), 보통 N(normal), 수송 C(commuter), 운송 T(transport)가 있다.

항공기란?

- 항공기
  - 경항공기 (공기보다 가볍다.)
    - 동력 없음 — 기구
    - 동력 있음 — 비행선
  - 중항공기 (공기보다 무겁다.)
    - 동력 없음 — 글라이더
    - 동력 있음
      - 고정 날개 — 비행기
      - 회전 날개 — 헬리콥터

(주) 기구는 항공법상의 항공기가 아니다.

항공기의 내공성 분류

곡예 A	최대 이륙 중량 5,700 kg 이하의 항공기이며, 보통 N에 해당하는 비행 및 곡예비행에 적합한 항공기.
실용 U	최대 이륙 중량 5,700 kg 이하의 항공기이며, 보통 N에 해당하는 비행 및 60° 뱅크를 초과하는 선회, 스핀, 8자 비행, 샨델 등의 곡예비행(급격한 운동과 배면 비행 제외)에 적합한 항공기.
보통 N	최대 이륙 중량 5,700 kg 이하의 항공기이며, 일반적인 비행(60° 뱅크를 넘지 않는 선회 및 실속[힙 스톨 제외]을 포함)에 적합한 항공기.
수송 C	최대 이륙 중량 8,618 kg 이하의 다발 항공기이며, 항공 운송 사업용에 적합한 항공기(객석 수가 19석 이하인 것에 한함).
운송 T	항공 운송 사업용에 적합한 항공기.

단발기의 이륙

이륙거리란?

이륙이란 정지 상태에서 안전하게 비행할 수 있는 상태에 도달할 때까지의 과정을 말한다. 이륙은 제한된 길이의 활주로 내에서 완수해야 한다. 따라서 이륙과 관련된 속도에는 엄격한 제한이 있다.

정지 지점에서 가속한 후 이륙선환속도 V_R에서 살짝 기수를 들어 올리는 조작을 실시하면 부양속도 V_{LOF}에서 바퀴가 활주로로부터 떨어져서 항공기는 부양된다. 그러나 바퀴가 떨어진 시점에서 이륙이 완료되는 것이 아니라, 실속에 대해 여유 있는 속도로 이륙면 위 15 m(50 ft) 높이를 통과한 시점까지 이륙에 포함해서 생각한다. 이륙 시작점부터 이륙면 위 15 m 높이에 도달한 점까지의 수평거리를 이륙거리(take-off distance)라고 한다.

V_R에서 기수를 들어 올리는 조작을 할 때 실속해버리면 문제가 생긴다. 그러므로 이륙 형태에서의 실속속도를 V_{S1}이라고 하면,

$$V_R \geq V_{S1}$$

이 되어야 한다. 또한 V_{LOF}는 실속에 대해 여유가 있어야 할 뿐 아니라, 부양한 후 이륙면 위 15 m 높이를 통과할 때 도달해야 하는 속도까지 가속할 수 있는 속도여야 한다.

단발기의 경우에는 높이 15 m에서 도달해야 하는 속도를 나타낼 때 이륙전환속도 V_R처럼 V를 사용하는 표현은 없다. 수송기에서 이륙안전속도로 정의되는 V_2를 단발기에 적용한다면, 단발기에서의 이륙안전속도는 이륙을 계속하기 위한 안전이 증명된 속도로 다음과 같이 나타낼 수 있다.

$$V_2 \geq 1.20 \times V_{S1}$$

단발기의 이륙거리

이륙거리: 활주 시작점부터 15 m 높이에 도달한 점까지의 수평거리

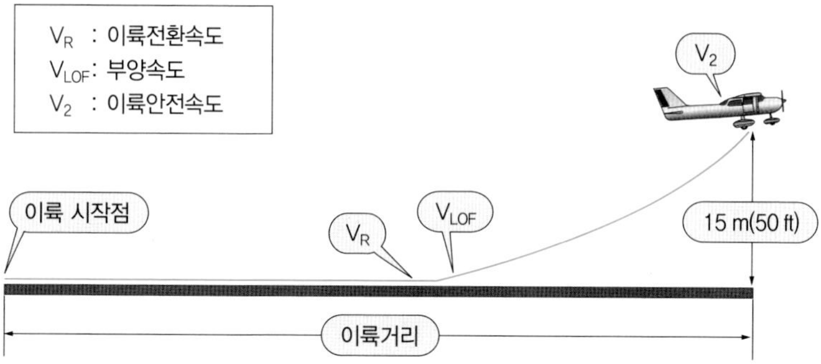

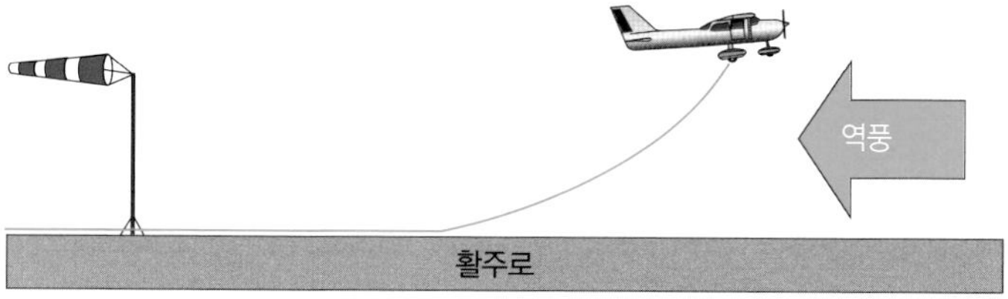

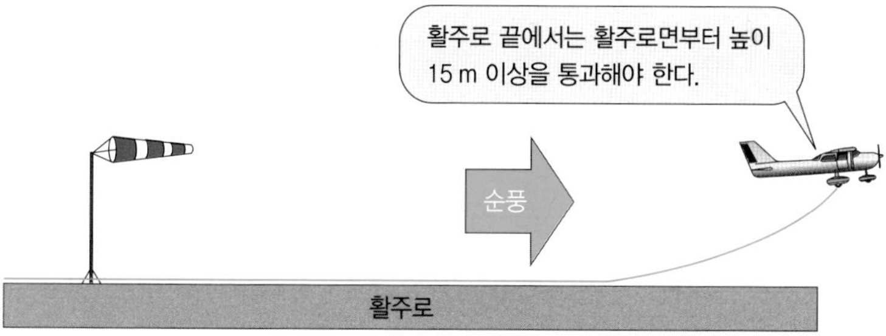

수송기의 이륙

수송기의 이륙거리란?

수송기(여객기나 화물기)의 이륙도 단발기와 기본적으로 동일하다. 그러나 도달해야 하는 높이는 이륙면 위 10.7 m(35 ft)로, 단발기가 도달해야 하는 높이 15 m(50 ft)의 70%에 불과하다. 그리고 수송기의 이륙속도에는 V_R, V_2 외에 V_{EF}와 V_1이 더해진다.

수송기는 엔진이 갑자기 고장 나도 안전하게 비행할 수 있도록 설계되기 때문에, 단발기와 달리 V_{EF}와 V_1이라는 속도가 필요하다. 예를 들어, 이륙 중에 엔진이 고장이면 이륙을 계속해도 안전하게 장애물을 피할 수 있는 일정 고도까지 상승할 수 있는지, 이륙을 중지해도 활주로 내에서 완전 정지할 수 있는지 등이 문제가 된다. 그 문제를 판단케 해 주는 것이 V_1이다.

이륙을 위해 가속을 시작했는데 V_{EF}에서 갑자기 작동을 멈췄다면, V_1에서 엔진 고장을 확인하고 이륙을 계속할지 말지 결정한다. 부양하더라도 활주로 끝에서 높이 10.7 m를 속도 V_2 이상으로 통과해야 한다. 또한 엔진 고장뿐 아니라, 이륙을 계속하는 데 중대한 문제가 발생해서 V_1에서 이륙을 중지한 경우에는 활주로 끝에서 완전 정지할 수 있어야 한다. 이륙을 계속한 경우의 수평거리를 가속계속거리, 이륙을 멈추고 정지할 때까지의 거리를 가속정지거리라고 한다. 그리고 통상적인 이륙에서 15%를 더한 거리, 가속계속거리, 가속정지거리 가운데 가장 긴 거리를 이륙거리로 간주한다. 덧붙여, 엔진이 작동되지 않으면 비행에 가장 해로운 영향을 주는 크리티컬 엔진(critical engine)을 상정한다. 크리티컬 엔진과 이륙속도 V_1, V_R, V_2 간의 관계 등에 관한 자세한 내용은 다음 항목에서 설명한다.

수송기의 이륙거리

수송기의 이륙거리: 다음의 세 가지 거리 가운데 가장 긴 거리

- 가속계속거리
- 가속정지거리
- 모든 엔진이 운전 중인 상태에서의 이륙거리 × 1.15

V_{EF}	엔진고장속도: 크리티컬 엔진이 이륙 중에 고장 났을 경우를 가정하는 속도
V_1	이륙결정속도: 이륙을 계속할지 중지할지 결정하는 속도
V_R	이륙전환속도: 기수를 들어 올리는 조작을 시작하는 속도
V_2	이륙안전속도: 높이 10.7 m(35 ft)에서 도달해야 할 속도이자, 실속에 대해 여유가 있는 속도

* 크리티컬 엔진: 비행성에 가장 해로운 영향을 주는 엔진

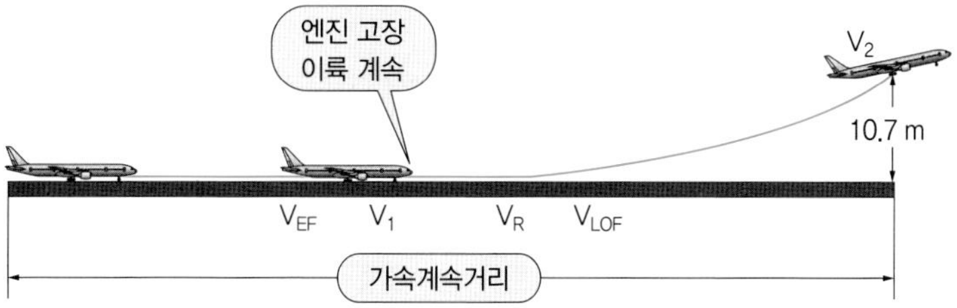

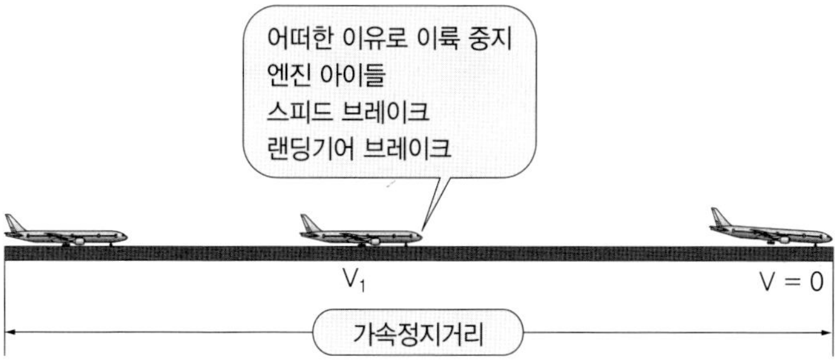

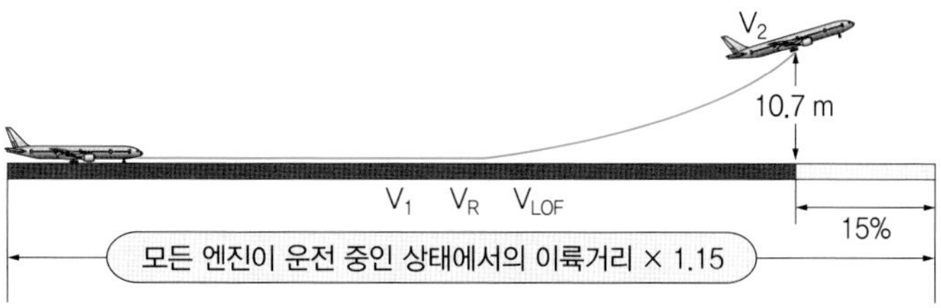

크리티컬 엔진

이륙속도와 V_1의 관계

수송기가 이륙 중에 갑자기 엔진이 멈추는 경우, 비행에 가장 해로운 영향을 끼치는 크리티컬 엔진(critical engine)을 상정해야 한다. 실제 예를 확인해보자. 다음 페이지의 예에 있는 YS−11의 다트 엔진은 좌회전이다. 따라서 오른쪽 엔진이 작동을 멈추면 왼쪽 프로펠러에 의한 P−팩트 작용까지 겹쳐 오른쪽 편운동 모멘트가 더욱 강해진다. 이처럼 왼쪽 엔진이 고장 나는 것보다 오른쪽 엔진이 고장 나는 쪽이 비행에 더 해로운 영향을 끼치기 때문에 크리티컬 엔진은 오른쪽 엔진이다.

제트 엔진을 장착한 항공기 가운데 4발기는 좌우 익단 쪽의 엔진이 크리티컬 엔진이다. 또한 MD−11처럼 중앙 엔진이 기체의 무게중심보다 상부에 있는 경우에는 엔진이 고장 났을 때 기수를 내리는 모멘트를 잃어버리기 때문에 중앙 엔진이 크리티컬 엔진이다. 그리고 날개에 2개의 엔진을 장착한 쌍발기는 전방에서 비스듬히 바람을 받으며 이륙할 때 풍상측의 엔진이 크리티컬 엔진이다.

크리티컬 엔진이 작동하지 않을 때는 각 조종타면으로 직진비행을 유지해야 한다. 그 조종타면의 양력 크기는 비행속도에 비례하므로 타가 얼마나 잘 작동하느냐에 따라 직진비행이 가능해지는 최소속도가 존재하게 된다. 그 속도를 최소조종속도 V_{MC}라고 하며, 특히 지상에서의 최소조종속도를 V_{MCG}라고 표현한다.

V_1에서 이륙 계속을 결정한 후, 활주로 위를 직진 주행하도록 하려면 $V_1 \geq V_{EF} + \Delta V$, $V_{EF} \geq V_{MCG}$, $V_R > 1.05\ V_{MC}$여야 한다. 부양한 후에는 실속에 대해 여유가 있어야 할 뿐 아니라, 직진 비행이 가능해지도록 하기 위해서도 $V_2 > 1.10\ V_{MC}$여야 한다.

크리티컬 엔진

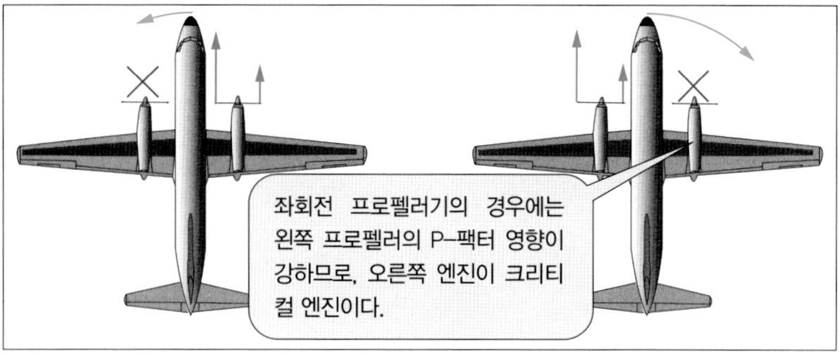
좌회전 프로펠러기의 경우에는 왼쪽 프로펠러의 P-팩터 영향이 강하므로, 오른쪽 엔진이 크리티컬 엔진이다.

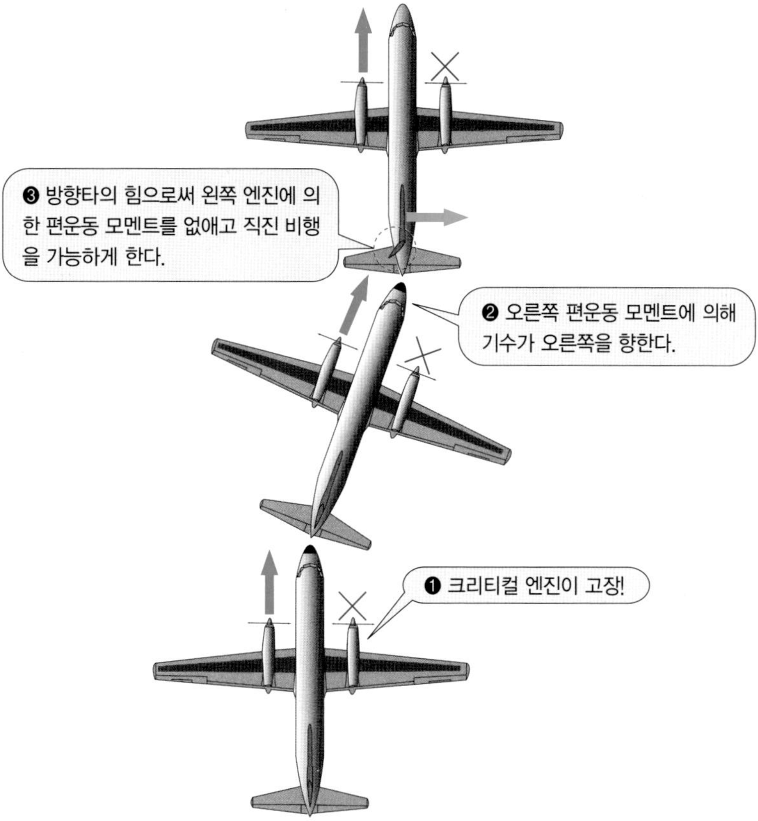
❸ 방향타의 힘으로써 왼쪽 엔진에 의한 편운동 모멘트를 없애고 직진 비행을 가능하게 한다.
❷ 오른쪽 편운동 모멘트에 의해 기수가 오른쪽을 향한다.
❶ 크리티컬 엔진이 고장!

이륙속도와 이륙거리

이륙속도와 관련된 속도

이륙거리는 이륙속도에 따라 크게 달라진다. 예를 들어, V_1을 늘리면 V_R에 도달할 때까지의 거리가 가까워지므로 가속계속거리는 짧아진다. 그러나 고속에서 멈추기 때문에 가속정지거리는 길어진다. 그래서 다음 페이지의 그림처럼 가속정지거리와 가속계속거리가 동일해지는 V_1을 선택하면 이륙거리를 가장 짧게 만들 수 있다. 이처럼 가속정지거리와 가속계속거리가 동일해지는 V_1을 균형 V_1이라고 한다.

여기에서는 V_1이나 V_R 외에 이륙과 관련된 속도를 느린 순으로 나열해보겠다. 먼저 V_{MCG} 이하에서는 반드시 이륙이 중지되므로, 크리티컬 엔진의 고장을 가정하는 속도 V_{EF}는 V_{MCG} 이하다. 이륙을 계속할 것인지 중지할 것인지에 대한 판단과 조작은 V_1에서 실시한다. 그런데 브레이크를 밟아도 브레이크가 흡수할 수 있는 최대 에너지는 제한되어 있다. 즉 운동에너지를 열에너지로 변환하는 한계가 되는 속도인 최대 브레이크 에너지 제한 속도 V_{MBE} 이상이라면 정지할 수 없다.

V_R에서 기수를 들어 올리는 조작을 실시하면 V_{LOF}에서 기체가 부양된다. 이때 V_{LOF}는 안전하게 부양해서 이륙을 계속할 수 있는 최소속도, 즉 최소이륙속도 V_{MU} 이상이 되어야 한다. V_{MU}란 V_R에서 기수를 들어 올리는 조작을 실시할 때 양력과 이륙 중량이 동일해지는 최소속도이자, 그 자세에서 1 g 비행을 할 수 있는 최소속도다.

그리고 이륙속도 중에서 V_1만은 신청자(항공사)가 선정할 수 있는 속도다. V_{MCG} 등의 항공기 고유 속도는 마음대로 설정할 수 없지만, V_1은 조건을 충족하는 범위 내에서 항공사가 독자적으로 설정할 수 있다.

이륙속도와 이륙거리

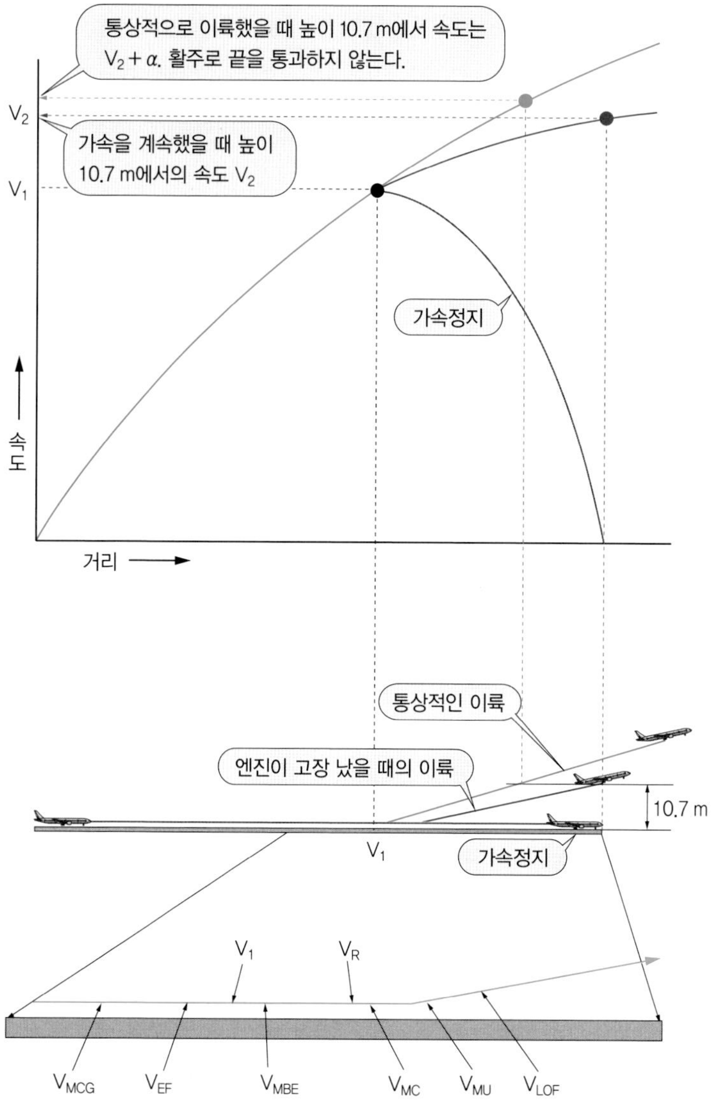

통상적으로 이륙했을 때 높이 10.7 m에서 속도는 $V_2 + \alpha$. 활주로 끝을 통과하지 않는다.
V_2
가속을 계속했을 때 높이 10.7 m에서의 속도 V_2
V_1
가속정지
속도
거리
통상적인 이륙
엔진이 고장 났을 때의 이륙
10.7 m
V_1
가속정지
V_1
V_R
V_{MCG}
V_{EF}
V_{MBE}
V_{MC}
V_{MU}
V_{LOF}

이륙 활주 중일 때 힘의 관계

이륙거리에 영향을 주는 요소

이륙추력, 이륙중량, 플랩과 이륙거리 간의 관계를 생각해보자. 이륙추력이 클수록 가속도도 커지므로 이륙거리는 짧아진다. 이륙중량이 무거울수록 가속하는 데 시간이 더 필요해지기 때문에 이륙거리는 길어진다. 플랩을 내리면 양력 C_L이 커지는 동시에 항력 C_D도 늘어나지만, 다음 페이지의 식 $(C_D - \mu C_L)$의 값은 작아지므로 가속도는 커진다. 그리고 플랩각이 클수록 C_L이 커지므로 이륙거리는 짧아진다.

이어서 활주로면의 상태(경사, 눈 쌓임)를 생각해보자. 오르막이 2%라면 이륙중량이 350톤인 경우에는 350 × 0.02 = 7톤이나 되는 추력이 줄어드는 효과가 있기 때문에 가속에 불리하다. 반대로 내리막이라면 가속에는 유리하지만 정지하는 데는 불리해서 가속정지거리가 길어진다. 수송기의 경우에는 2% 이상의 경사가 있는 활주로에서는 이착륙을 금한다. 또한 비에 젖거나 눈이 쌓이면 노면이 미끄럽기 때문에 활주로 내에서 완전히 정지하기 위해서는 V_1을 줄여야 한다. V_1을 줄이면 V_R에 도달할 때까지의 거리가 길어지기 때문에 가속정지거리보다 가속계속거리가 길어진다. 그 결과, 균형 V_1이 무너져서 이륙거리가 길어진다.

다음 페이지의 식은 바람에 관한 요소를 포함하지 않는다. 양력과 항력은 대기속도로 결정된다. 정지 상태에서는 70 m/s의 역풍을 받으면 속도계는 70 m/s를 지시한다. 만약 V_R이 70 m/s라면 이륙거리는 0이 되어 부양할 수 없다. 다시 말해서, 역풍이 있다면 이륙거리는 짧아지고, 순풍이 있다면 이륙거리는 길어진다.

이륙 활주

이륙 활주 중일 때 힘의 관계

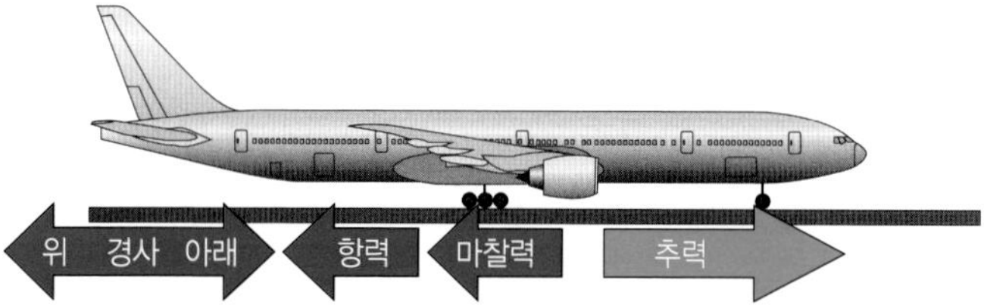

W: 비행중량 L: 양력 T: 추력 D: 항력 α: 가속도 S: 날개면적

μ: 마찰계수 g: 중력가속도 q: 동압 ϕ: 활주로 경사

(항공기를 움직이는 힘) = (질량) × (가속도)

$$= \frac{W}{g}\alpha$$

(항공기를 움직이는 힘) = (추력) − (항력) − (마찰력) − (경사)

$$= T - D - \mu(W - L) - \phi W$$

따라서

$$\frac{W}{g}\alpha = T - D - \mu(W - L) - \phi W$$

$$\alpha = \frac{g}{W}\{T - D - \mu(W - L) - \phi W\}$$

양력의 식과 항력의 식을 대입하면 다음과 같다.

$$\alpha = \frac{g}{W}\{(T - \mu W) - (C_D - \mu C_L)qS - \phi W\}$$

이륙경로

이륙 종료까지의 경로

수송기의 경우에는 활주로 위 10.7 m 높이를 통과한 시점에서는 이륙이 완료되었다고 보지 않는다. 가속 중에 갑자기 크리티컬 엔진이 작동되지 않았을 때 이륙을 계속하고 그대로 상승해서 고도 450 m(1,500 ft)에 달하는 지점과, 이륙형상(착륙 장치와 플랩을 내림)에서 운항형상(착륙 장치와 플랩을 올림)으로 완전히 이행한 지점 가운데, 고도가 높은 지점에서 이륙이 완료된다. 쌍발기의 이륙을 상정해보자.

'정지점부터 가속하는 중에 V_{EF}에서 갑자기 한쪽 엔진이 작동 불능에 빠지고 이륙추력이 50%로 줄었지만 V_1에서 이륙을 계속하겠다고 결정했다. 그대로 가속을 계속해서 V_R에서 기수를 들어 올리는 조작을 하고, 활주로 끝에서 높이 10.7 m, 속도 V_2로 통과했다. 그리고 착륙장치를 올렸다.'

부조종사가 승강계로 상승을 확인하고 "Positive climb."이라고 알리면 기장은 "Gear up."(착륙장치를 끌어 올리라)라고 지시한다. 착륙장치 문이 개폐되면서 항력이 급증하기 때문에 상승경사를 0% 이상으로 유지하면서 제1단계는 종료된다. 착륙장치를 올리고, 플랩을 이륙위치에 그대로 두고, 50%의 최대이륙추력을 유지(엔진 재가동 조작 등을 실시하지 않음)한다. 속도 V_2, 상승경사 2.4% 이상으로 120 m까지 상승해서 제2단계를 종료한다. 제3단계에서는 고도 120 m를 유지하면서 최대이륙추력 상태 그대로 가속을 시작한다. 플랩을 완전히 들어 올려 운항형상이 된 시점에 최대이륙추력에서 최대연속추력으로 세팅한다. 최대연속추력, 최종이륙속도 V_{FTO}, 경사 1.2% 이상으로 상승을 재개해서 최종단계에 들어서고 450 m에 도달한 시점에서 이륙을 종료한다.

이륙경로

이륙경로
- 정지점에서부터 이륙면 위 450 m(1,500 ft)의 고도에 도달한 지점
- 이륙형상에서 운항형상으로 이행이 완료되고, 최종이륙속도에 도달한 지점

이 중에서 고도가 높은 지점까지

이륙비행 경로

고도 10.7 m의 시작점에서 이륙경로의 끝까지

* 최종이륙속도 V_{FTO}: 실속에 대해 여유가 있고, 요구 경사를 충족하는 속도

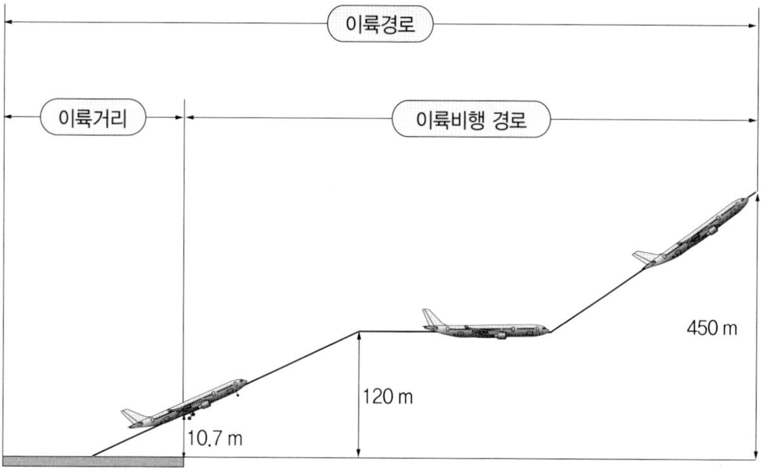

		제1단계	제2단계	제3단계	최종단계
착륙 장치		내림	올림	올림	올림
플랩		이륙위치	이륙위치	이륙위치 → 올림	올림
추력		이륙추력	이륙추력	이륙추력	최대연속추력
요구 경사	쌍발기	0%	2.4%	0%	1.2%
	3발기	0.3%	2.7%	0%	1.5%
	4발기	0.5%	3.0%	0%	1.7%

(주) 이륙경로는 크리티컬 엔진이 작동하지 않는 것을 상정했다.

상승경사와 상승각, 그리고 상승률

각각의 관계

앞 항목에 있는 쌍발기의 이륙경로에서 요구되는 상승경사 2.4%는 어떤 의미인지 알아보자.

일반적으로 경사란 기울기의 정도를 의미한다. 항공계에서도 마찬가지다. 상승경사란 상승경로의 기울기를 나타내며, 수평거리에 대한 획득고도, 다시 말해 상승고도와 수평 비행거리의 비를 말한다. 예를 들어, 상승경사 2.4%란 수평거리 100 m를 나아갔을 경우의 상승고도가 2.4 m임을 의미한다.

상승각은 수평선과 비행경로가 이루는 각이다. 상승경사와의 관계는 삼각함수의 tan(탄젠트)를 이용해서 다음과 같이 나타낸다.

(상승경사) = tan(상승각)

그림에서처럼 상승경사 2.4%에 대한 상승각은 1.37°가 된다.

상승률은 비행속도의 수직성분, 즉 수직방향의 속도다. 일반적인 매시가 아니라 매분당 상승고도로 나타낸다. 비행속도의 수직성분은 상승각과 삼각함수의 sin(사인)을 이용해서 다음과 같이 나타낸다.

(상승률) = (비행속도) × sin(상승각)

여기에서 비행속도는 교정대기속도(CAS)가 아니라 공기에 대한 진짜 속도인 진대기속도(TAS)인 것에 주의해야 한다. 따라서 진대기속도를 150 노트(278 km/h)라고 하면 상승경사 2.4%의 상승률은 다음과 같다.

(상승률) = 363 ft/분(110.7 m/분)

이처럼 상승률은 비행속도에 따라 변화하는 데 비해, 상승경사는 속도에 관계없이 수평 비행거리에 대한 획득고도이므로 경사를 요구 성능으로 이용한다.

상승경사: 상승고도와 수평 비행거리의 비

$$상승경사 = \frac{상승고도}{수평\ 비행거리}$$

상승경사 2.4%: 수평 비행거리 100 m에 대해 2.4 m 상승한다는 뜻

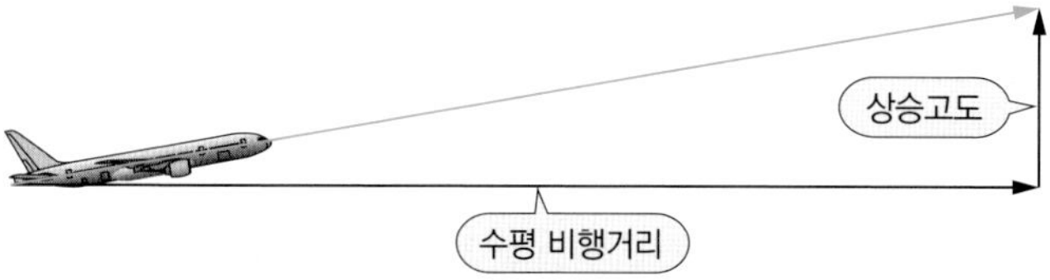

상승각: 수평선과 비행방향이 이루는 각

$$상승경사 = \tan \gamma$$

상승각을 γ라고 하면 상승경사 2.4%일 때의 상승각은

$\tan \gamma = 0.024$ 및 $\arctan(0.024) = \gamma$이다.

따라서 $\gamma = 1.37°$이다.

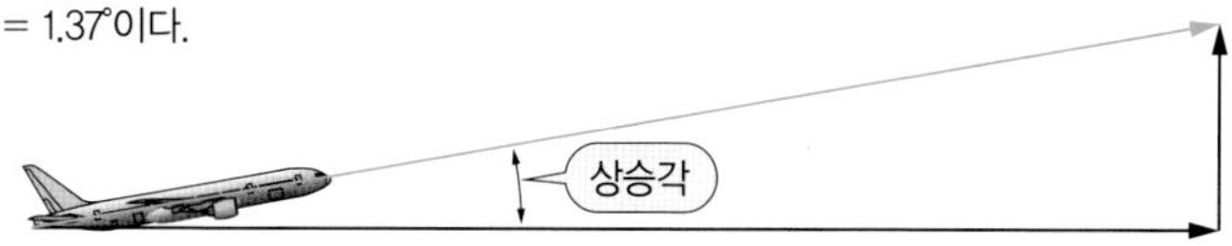

상승률: 비행속도의 수직성분(고도/분)

$$상승률 = (비행거리:\ TAS) \times \sin \gamma$$

상승 비행속도를 150노트라고 하면

150노트 = 150 × 101.268 = 15,190 ft/분이므로

상승률 = 15,190 × sin (1.37°)

= 363 ft/분(110.7 m/분)

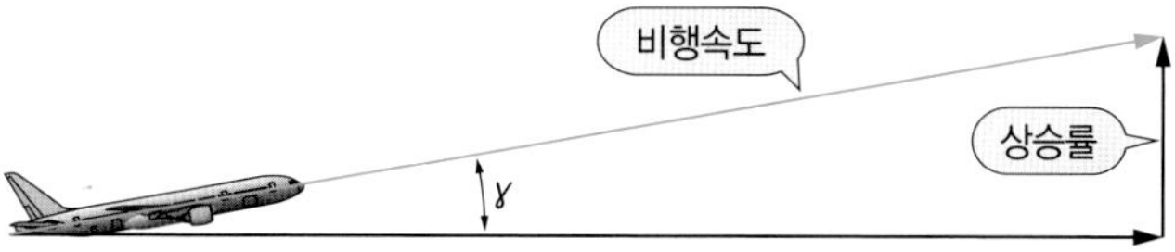

상승 중 힘의 균형

기수를 올리는 자세

항공기가 상승하기 위해서는 엔진 출력을 높이고 기수를 올리는 자세를 취해야 한다. 다만, 양력을 얻기 위해 받음각 α가 필요하므로 기체 축과 수평선이 이루는 각도인 항공기의 자세(피치각 θ)와 비행경로와 수평선이 이루는 각도인 상승각 γ는 서로 다르다. 그리고 양력은 비행경로에 대해 직각으로 발생하므로 중력과 양력은 일직선상에 존재하지 않는다. 따라서 비행중량의 성분력이 비행경로와는 반대 방향으로 발생하고 항력이 된다.

예를 들어, 비행중량 270톤에서 기수를 3° 올리는 자세를 취하면, 270 × sin 3° = 14.1톤이나 되는 항력이 증가한다. 항력이 증가한 만큼 엔진 출력을 높여야 한다. 자동차가 비탈길을 오를 때 액셀을 밟는 것과 마찬가지다. 반대로 양력은 실제보다 가벼운 무게를 지탱하면 된다. 예를 들어, 비행중량이 270톤이라면 양력은 270 × cos 3° = 269.6톤을 지탱하는 크기면 된다. 이처럼 양력은 비행중량보다 작아도 되므로, 양력을 높여서가 아니라 엔진의 힘을 높여 상승한다는 점을 알 수 있다.

그리고 상승률은 앞 항목에 있듯이 다음과 같다.

(상승률) = (비행속도: TAS) × sin (상승각)

일정 속도(TAS)로 상승하는 경우에는 다음과 같이 균형이 잡힌다.

(추력) = (항력) + (항공기의 무게) × sin (상승각)

상승률은 다음과 같이 나타낼 수 있다.

(상승률) = {(추력 − 항력) × (비행속도)}/(비행중량)

이로써 (추력 − 항력) × (비행속도)가 커지면 상승률이 커진다는 사실을 알 수 있다.

상승 중 힘의 균형

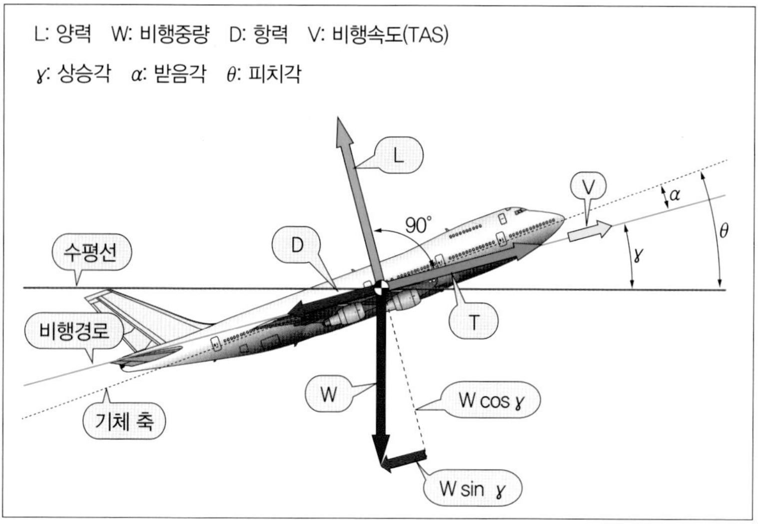

비행경로 위로 상승하기 위한 엔진 추력(T)

비행경로와는 반대 방향으로 작용하는 공기의 저항력인 항력(D)

기수를 올리는 자세로 생긴 무게의 성분력(W sin γ)

위의 힘들이 균형을 이루어 (추력) = (항력의 합계)가 되므로 다음과 같이 나타낼 수 있다.

$$T = D + W \sin \gamma$$

따라서

$$\sin \gamma = \frac{T - D}{W}$$

상승률을 R/C라고 하면

$$R/C = V \sin \gamma$$

따라서

$$R/C = \frac{T - D}{W} V$$

R/C: rate of climb

가속계수

가속하면서 상승하는 경우의 상승률

제트 여객기는 진대기속도(TAS)가 아니라, 속도계의 지시 값(CAS)을 일정하게 유지하며 상승한다. 따라서 정속상승이 아니라 가속상승이 된다. 가속하면서 상승 중인 힘이 균형을 이루는 모습을 살펴보겠다. 가속도: a, 비행중량: W, 추력: T, 항력: D, 비행속도(TAS): V, 중력가속도: g라고 하면 비행중량 W를 상승시키는 힘(W/g)a는

$$(W/g)a = T - D - W\sin\gamma$$

따라서

$$\sin\gamma + a/g = (T - D)/W$$

가 유도된다. 또한 가속도 a는 다음과 같이 변형할 수 있다.

$$a = dV/dt = (dV/dh)(dh/dt)$$

dh/dt는 고도의 변화율, 즉 상승률이므로

$$dh/dt = V\sin\gamma$$

따라서 가속도 a는 다음과 같이 표현할 수 있다.

$$a = (dV/dh)V\sin\gamma$$

이 가속도 a를 두 번째 식에 대입하면

$$\sin\gamma\{1 + (V/g)dV/dh\} = (T - D)/W$$

이 식의 양 변에 V를 곱하면

$$V\sin\gamma\{1 + (V/g)dV/dh\} = (T - D)V/W$$

Vsin γ는 상승률 R/C이므로 다음과 같은 식이 성립한다.

$$R/C = \{(T - D)V/W\}/\{1 + (V/g)dV/dh\}$$

이 (V/g)dV/dh를 가속계수(AF)라고 하는데, 고도에 대한 비행속도(TAS)의 변화를 나타내는 계수이다.

가속계수(AF)

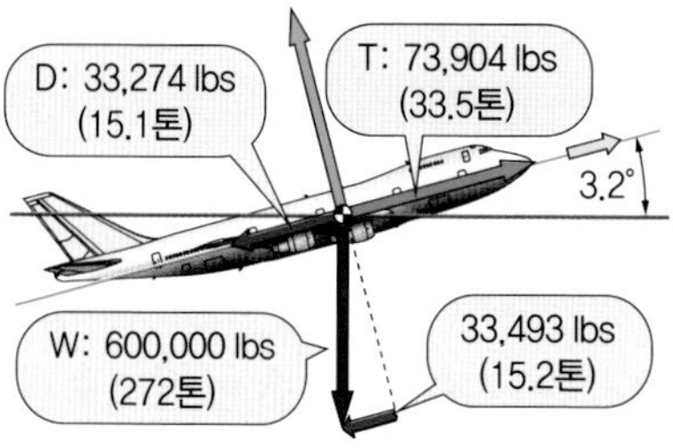

속도계의 지시 값 300을 일정하게 유지해서 20,000 ft까지 상승하면 진대기속도는 400노트(40,507 ft/m)가 되므로 상승률은 다음과 같다.

$$R/C = V\sin\gamma$$
$$= 40{,}507 \times \sin 3.2°$$
$$= 2{,}261 \text{ ft/m}$$

가속계수를 고려하지 않은 상승률

$$R/C = \frac{T-D}{W} V$$
$$= \frac{73{,}904 - 33{,}274}{600{,}000} \times 40{,}507$$
$$= 2{,}743 \text{ ft/m}$$

가속계수를 고려한 상승률

$$R/C = \frac{(T-D)V}{W(1+AF)}$$
$$= \frac{2{,}743}{1+0.213}$$
$$= 2{,}261 \text{ ft/m}$$

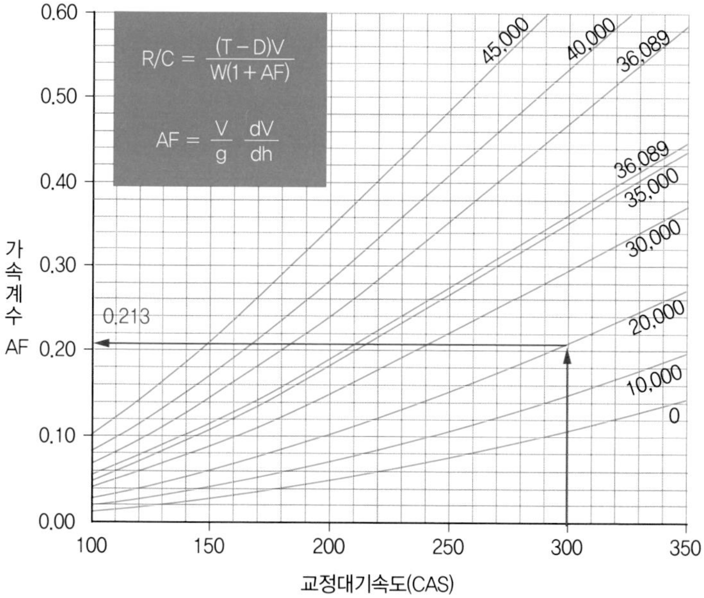

상승속도의 변화

가속하면서 상승하는 실제 사례

속도계의 지시 값을 일정하게 유지하며 상승(정속상승)하는 방법을 알아보자.

표는 10,000 ft(3,000 m) 이하에서는 항공 교통관제상 250 CAS 이하, 그 이상에서는 280 CAS, 일정 고도 이상이 되면 마하수 0.80으로 바꾸는 상승 방식을 예로 들어 진대기속도, 마하수, 추력, 항력, 상승률, 상승각, 가속계수가 고도에 따라 어떻게 변화하는지 산출한 표다.

일정한 CAS에서 일정한 마하수로 바꾸는 이유는 높이 올라갈수록 CAS에 대한 마하수가 커지고, 일정 고도 이상이 되면 임계 마하수를 넘기 때문이다. 다음 페이지의 표에서는 32,000 ft(9,700 m) 이상일 때 280 CAS에서 마하 0.80으로 전환했다. 이처럼 실제 속도 TAS가 비행 고도에 따라 변화하기 때문에 속도계의 지시를 km/h로 환산하는 것은 의미가 없다.

표를 살펴보면, 10,000 ft에서의 280CAS에 대한 TAS가 323노트(598 km/h)인 데 비해, 32,000 ft가 되면 TAS는 451노트(835 km/h)까지 가속된다는 점을 알 수 있다. 이처럼 가속상승이 되면 상승률은 상승할수록 작아진다. 그리고 일정한 마하수로 상승하도록 바뀌면 상승할수록 온도가 저하되고 음속이 늦어지므로 감속상승이 된다. 그러면 속도에너지가 위치에너지로 변환되기 때문에 상승률은 커진다.

11,000 m(36,089.24 ft) 이상의 성층권에 들어서면 외기 온도가 일정해지기 때문에 음속도 일정해진다. 따라서 마하수가 일정하면 TAS도 일정해지는 정속상승이 되고, 추력이 저하할수록 상승률은 작아진다.

상승속도의 변화

CAS: 교정지시대기속도 M: 마하수 TAS: 진대기속도(kts)

T: 최대 상승 추력(lbs) D: 항력(lbs) R/C: 상승률(ft/m)

γ: 상승각(°) AF: 가속계수

고도(ft)	CAS	M	TAS	T	D	R/C	γ	AF
2,000	250	0.39	257	116,315	29,348	3,794	8.4	0.083
4,000	250	0.41	265	112,883	29,357	3,729	8.0	0.089
6,000	250	0.42	272	109,274	29,383	3,650	7.6	0.095
8,000	250	0.44	280	105,294	29,408	3,548	7.2	0.102
10,000	280	0.51	323	97,835	30,371	3,527	6.2	0.134
12,000	280	0.52	332	92,853	30,408	3,334	5.7	0.144
14,000	280	0.54	342	88,032	30,418	3,140	5.2	0.154
16,000	280	0.57	353	83,373	30,424	2,946	4.7	0.165
18,000	280	0.59	363	78,878	30,424	2,750	4.3	0.176
20,000	280	0.61	375	74,611	30,422	2,558	3.9	0.189
22,000	280	0.63	386	70,176	30,416	2,346	3.5	0.203
24,000	280	0.66	398	66,027	30,418	2,141	3.0	0.217
26,000	280	0.69	411	61,952	30,436	1,931	2.7	0.232
28,000	280	0.71	424	57,987	30,456	1,716	2.3	0.249
30,000	280	0.74	437	54,330	30,484	1,513	2.0	0.267
32,000	280	0.77	451	50,508	30,587	1,285	1.6	0.286
34,000	278	0.80	463	47,160	30,617	1,539	1.9	−0.085
36,000	266	0.80	459	43,739	30,436	1,227	1.5	−0.085
38,000	243	0.80	459	36,099	31,550	384	0.5	0
40,000	221	0.80	459	29,631	39,468	–	–	0

보잉 747-200 CF6-50E2 엔진 비행중량 250톤 250 CAS/280 CAS/0.80 M

최량상승경사속도

속도 V_X는?

상승각을 γ라고 하면 다음 식이 성립한다.

$$\sin\gamma = (T - D)/W$$

그리고 추력 T와 항력 D의 차, (T – D)를 잉여추력이라고 한다. 위의 식에서 잉여추력이 크면 상승각도 커진다는 사실을 알 수 있다. 어떤 속도일 때 잉여추력이 최대가 되는지 확인해보자.

상승각의 식에서 다음과 같은 식이 나온다.

$$(T - D)/W = T/W - D/W$$

또한 D는 항력이고, W는 양력과 같다고 하면 다음과 같은 식이 성립한다.

$$\sin\gamma = T/W - C_D/C_L$$

추력 T는 최대 상승 추력으로 일정하고, 비행중량 W도 일정하다고 하면 상승각은 양력과 항력의 비인 양항비와 관련이 있다.

$$양항비 = C_L/C_D$$

양항비가 크면 상승각이 커질 것이라고 추측할 수 있다. 그러나 실제로는 상승각이 커서 L = W가 아니므로, 양항비가 최대가 되는 속도보다 약간 느린 속도에서 상승각이 최대가 된다. 상승각이 최대가 되는 이 속도를 최량상승경사속도라고 하며, V_X로 나타낸다.

다음 페이지의 그래프를 보며 최대양항비속도(항력이 최소가 되는 속도이기도 하다.)보다 느린 속도에서 상승각이 최대가 된다는 점을 알 수 있다. 그러나 제트 여객기의 경우 최대양항비속도 이하는 불안정한 속도 영역이므로, 운용상으로는 최대양항비속도보다 빠른 속도를 최량상승경사속도로 설정한다.

최량상승경사속도

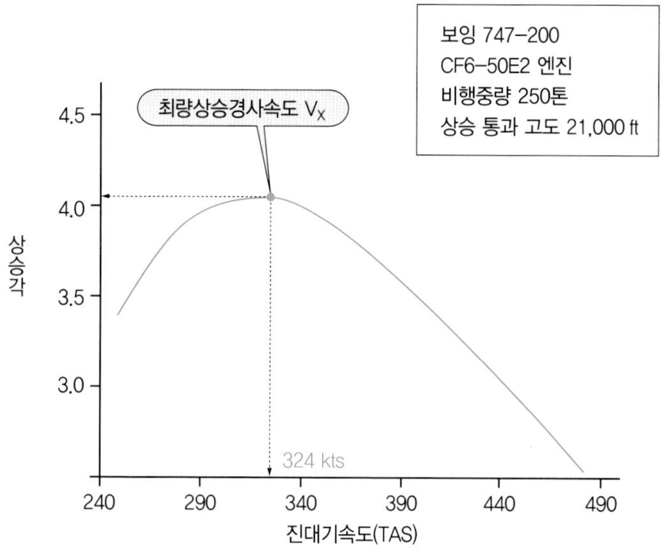

보잉 747-200
CF6-50E2 엔진
비행중량 250톤
상승 통과 고도 21,000 ft
최량상승경사속도 V_X
4.5
4.0
3.5
3.0
상승각
324 kts
240
290
340
390
440
490
진대기속도(TAS)

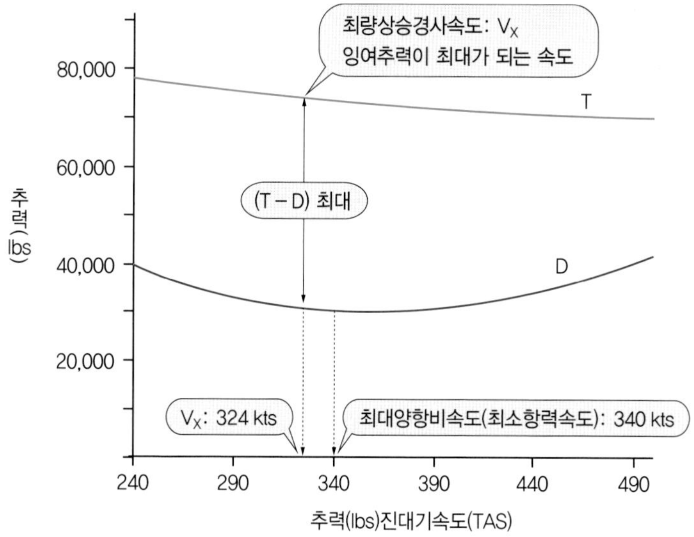

최량상승경사속도: V_X
잉여추력이 최대가 되는 속도
T
(T – D) 최대
D
80,000
60,000
40,000
20,000
추력(lbs)
V_X: 324 kts
최대양항비속도(최소항력속도): 340 kts
240
290
340
390
440
490
추력(lbs)진대기속도(TAS)

최량상승률속도 V_Y

속도 V_Y는?

상승률의 식은 다음과 같다.

$$R/C = (T-D)V/W$$

우변의 TV와 DV는 (힘) × (속도)이므로 마력이 된다. 이 마력의 차 (TV−DV)를 잉여마력이라고 한다. 잉여마력이 크면 상승률이 커짐을 알 수 있다. 그리고 상승률이 최대가 되는 속도를 최량상승률속도라고 하며, V_Y로 나타낸다. 어떤 속도에서 상승률이 최대가 되는지 생각해보자.

최량상승경사속도는 양항비가 최대가 되는 속도에 가까운 속도다. 상승률의 경우에도 마찬가지로 양항비가 기준이 된다. 다만, 상승경사와 달리 속도가 큰 영향을 주기 때문에 최량상승률속도는 (속도) × (양항비)가 최대가 되는 속도에 가까운 속도가 된다. 실제 예를 도식화한 것이 다음 페이지의 그래프다. 이 그래프를 보면, 최량상승률속도 V_Y는 최량상승경사속도 V_X보다 빠르다는 사실을 알 수 있다. 따라서 V_Y로 상승하는 편이 V_X보다 빠르게 목적 고도에 도달한다. 그러나 V_X가 V_Y보다 목적 고도에 도달할 때까지의 수평거리는 짧다.

그리고 상승함에 따라 추력은 작아지지만 일정한 CAS로 상승하므로, 다시 말해 동압을 일정하게 유지하며 상승하므로 항력의 크기는 거의 일정하다. 따라서 상승함에 따라 잉여마력이 작아져서 상승률도 작아진다. 그리고 상승률이 0이 되는 고도를 절대상승한도, 상승률이 100 ft/m(0.5 m/s)이 되는 고도를 실용상승한도, 상승률이 300 ft/m(1.5 m/s)가 되는 고도를 운용상승한도라고 부른다.

최량상승률속도

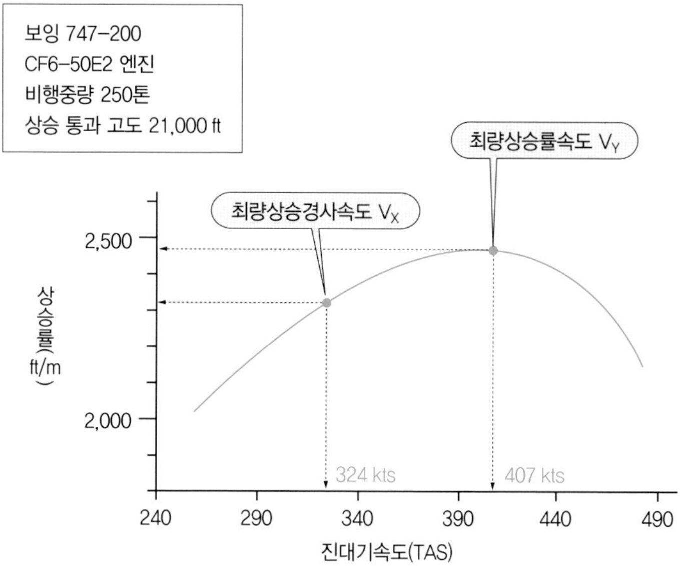
보잉 747-200
CF6-50E2 엔진
비행중량 250톤
상승 통과 고도 21,000 ft
최량상승률속도 V_Y
최량상승경사속도 V_X
2,500
2,000
상승률(ft/m)
324 kts
407 kts
240
290
340
390
440
490
진대기속도(TAS)

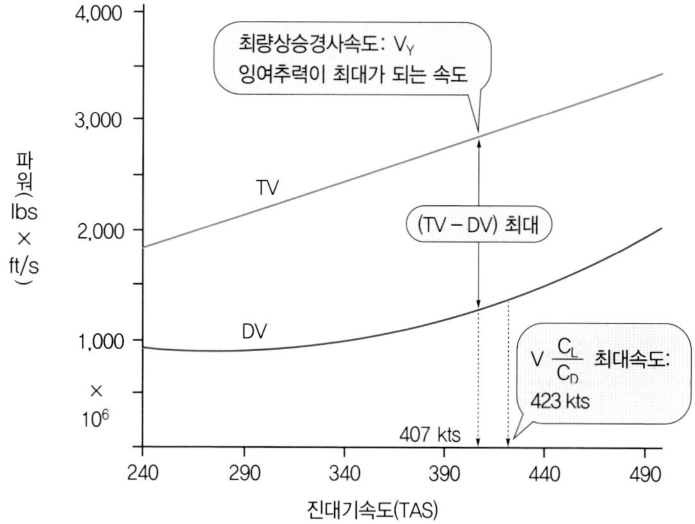
4,000
3,000
2,000
1,000
× 10^6
파워(lbs × ft/s)
최량상승경사속도: V_Y
잉여추력이 최대가 되는 속도
TV
(TV – DV) 최대
DV
$V\frac{C_L}{C_D}$ 최대속도:
423 kts
407 kts
240
290
340
390
440
490
진대기속도(TAS)

순항 중 힘의 균형

속도와 양항비의 관계

항력에는 양력의 제곱에 비례하는 유도항력과 비행속도의 제곱에 비례하는 유해항력이 있다. 그 항력과 속도의 관계를 나타낸 실제 예가 다음 페이지의 그래프다. 이 그래프에서처럼, 비행속도가 빨라질수록 U자를 그리며 변화하는 항력을 필요추력이라고 한다. 그리고 이용할 수 있는 최대 추력을 이용추력이라고 한다. 다음 페이지 그림에서 이용추력은 순항 중의 최대 정격출력인 최대 순항추력이 된다.

이 그래프를 보면 마하 0.83으로 비행하는 경우의 항력, 즉 필요추력은 16.8톤이다. 그리고 양항비는 다음과 같다.

(양항비) = (양력: 300톤)/(항력: 16.8톤) ≒ 17.9

이 양항비의 크기는 무게 300톤의 항공기가 마하 0.83으로 비행하는 데 항공기 무게의 약 1/18의 힘만 필요하다는 의미다.

그리고 양항비의 식에서 다음과 같이 항력을 나타낼 수 있다.

(항력) = (비행중량)/(양항비)

이 식에서 양항비가 커지면 항력은 작아지고, 최대양항비속도는 최소항력속도이기도 하다는 사실을 알 수 있다. 실제로 마하 0.795에서 항력이 최소치인 16.6톤이 되고, 양항비는 18.1로 가장 큰 값이 된다.

덧붙여, 최소항력속도 이하는 양력계수가 커지기 때문에, 유도항력이 증가하고 양항비는 작아진다. 또한 항력발산 마하수 이상에서는 항력이 급증하기 때문에 양항비는 급감한다. 다시 말하면 비행속도가 너무 느리거나 너무 빠르면 양력을 유지하기 위한 항공기의 자세가 흐트러지므로 양항비가 작아진다.

순항 중 힘의 균형

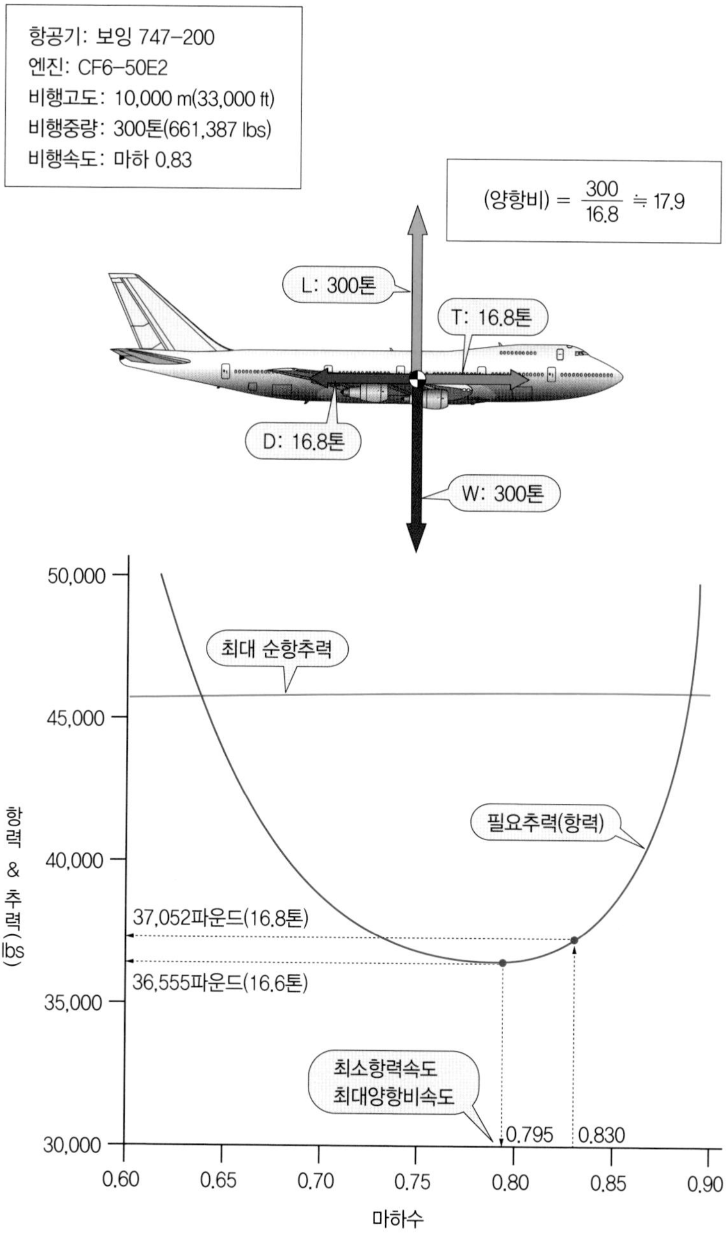

항공기: 보잉 747-200
엔진: CF6-50E2
비행고도: 10,000 m(33,000 ft)
비행중량: 300톤(661,387 lbs)
비행속도: 마하 0.83
(양항비) = 300/16.8 ≒ 17.9
L: 300톤
T: 16.8톤
D: 16.8톤
W: 300톤
50,000
45,000
40,000
35,000
30,000
최대 순항추력
필요추력(항력)
37,052파운드(16.8톤)
36,555파운드(16.6톤)
최소항력속도
최대양항비속도
0.795
0.830
항력 & 추력(lbs)
0.60
0.65
0.70
0.75
0.80
0.85
0.90
마하수

항속률

항속률이 최대가 되는 속도

항속률은 연료의 무게에 대한 비행거리를 NM/kg 또는 NM/LBS로 나타낸다. 연료의 단위가 무게인 이유는 소비되는 연료에 따라 항공기의 무게뿐만 아니라 순항속도, 순항고도, 착륙고도 등도 크게 변화하기 때문이다. 그러므로 연료계기는 부피를 나타내는 것이 아니라 질량을 나타낸다. 이륙중량에서 소비되는 연료의 무게를 뺌으로써 비행 중 항공기의 무게를 산출한다.

먼저 프로펠러기의 항속률은 다음 페이지의 식에서 양항비가 최대가 되는 속도로 비행하면 마력당 소비 연료가 줄어들면서 항속률은 커진다는 점을 알 수 있다. 양쪽이 동시에 성립하지는 않지만, 엔진 성능을 일정하게 유지하는 경우에는 양항비가 최대가 되는 속도로 비행하는 것이 항속률을 늘린다고 할 수 있다.

한편, 제트기의 항속률 식에는 속도가 포함되어 있기 때문에 프로펠러기처럼 양항비가 최대가 되는 속도에서 항속률이 최대가 되지는 않는다. 양항비가 최대가 되는 속도는 순항속도로서는 너무 느리므로 비행거리가 늘어나지 않기 때문이다. 식에서 알 수 있는 것은 양항비에 마하수를 곱한 값이 최대가 되는 속도로 비행하면 항속률 역시 최대가 된다는 사실이다. 그리고 이 속도는 양력의 식에서 유도된 V를 항속률의 식에 대입해서 얻어지는 $(C_L^{1/2}/C_D)$가 최대가 되는 속도와 동일한 값이다.

또한 추력연료소비율이란 추력을 발휘하기 위해 사용한 연료의 총량을 말하며, TSFC(thrust specific fuel consumption)라고 표기한다. 단위는 kg/시간/kg 또는 파운드/시간/파운드다.

항속률

항속률: SR 비행중량: W 양력계수: CL 항력계수: C_D 음속: a 마하수: M
비행속도(TAS): V 1시간당 연료유량: FF 추력: T 추력연료소비율: TSFC 마력: Hp
마력연료소비율: SFC

제트기의 항속률은?

$$TSFC = \frac{(연료유량/시간)}{(추력)}$$

위의 식에서

$$TSFC = \frac{FF}{T}$$

$$FF = TSFC \cdot T$$

$$(항속률) = \frac{(비행속도)}{(연료유량/시간)}$$

위의 식에서

$$SR = \frac{V}{FF}$$

$$= \frac{V}{TSFC \cdot T}$$

$T = \dfrac{W}{C_L/C_D}$ 을 위 식에 대입

$$SR = \frac{1}{TSFC} V \frac{C_L}{C_D} \frac{1}{W}$$

$V = a \cdot M$이므로

$$SR = \frac{a}{TSFC} M \frac{C_L}{C_D} \frac{1}{W}$$

프로펠러기의 항속률은?

$$SFC = \frac{(연료유량/시간)}{(마력)}$$

위의 식에서

$$SFC = \frac{FF}{Hp}$$

$$FF = SFC \cdot Hp$$

$$(항속률) = \frac{(비행속도)}{(연료유량/시간)}$$

위의 식에서

$$SR = \frac{V}{FF}$$

$$= \frac{V}{SFC \cdot Hp}$$

$Hp = T \cdot V$이므로

$$SR = \frac{1}{SFC \cdot T}$$

$T = \dfrac{W}{C_L/C_D}$ 을 위 식에 대입

$$SR = \frac{1}{SFC} \frac{C_L}{C_D} \frac{1}{W}$$

항속률과 속도

항속률이 최대가 되는 비행속도

제트 수송기의 경우, 항속률이 최대가 되는 속도는 프로펠러기처럼 양항비 최대가 되는 속도가 아니라 (마하수) × (양항비)가 최대가 되는 속도다. 순항고도 33,000 ft(10,000 m), 순항고도에서의 음속은 582노트(1,077 km/h), 비행중량 300톤(661,387파운드)이라고 하자.

우선 다음 페이지의 그래프에서 양항비가 최대가 되는 곳은 마하수 0.795, 진대기속도 462노트(856 km/h)임을 알 수 있다. 그리고 그 비행속도를 유지하기 위해 필요한 추력은 198쪽에서 봤듯이, 36,555파운드(16.6톤)임을 알 수 있다. 또한 기체성능이 아니라 엔진성능을 나타내는 TSFC는 0.66이므로 연료유량 FF는 24,126파운드/시간(10.9톤/시간)이 된다. 따라서 항속률 SR은 0.0191마일/파운드, 10,000파운드당 191마일(약 61.7 m/L)이라고 산출할 수 있다.

한편, (마하수) × (양항비)가 최대가 되는 마하수는 0.835이며, 진대기속도는 486노트(900 km/h)다. 그리고 이 마하수는 (양력계수)/(항력계수)가 최대가 되는 마하수와 동일하다. 198쪽에서 봤듯이, 마하 0.835를 유지하기 위해 필요한 추력은 37,208파운드(16.9톤), 그리고 TSFC가 0.67이기 때문에 연료유량 FF는 24,929파운드/시간(11.3톤/시간)으로 산출할 수 있다.

이처럼 필요추력이 커지므로 마하 0.835에서의 연료유량은 양항비 최대의 속도보다도 많아진다. 그러나 항속류 SR은 10,000파운드당 195마일(약 63.0 m/L)이므로, 양항비 최대보다 4마일이나 많음을 알 수 있다.

항속률과 속도

비행고도 33,000 ft(10,000 m)에서의 음속 582노트(1,077 km/h), 마하 0.795(TAS462)에서의 필요추력 36,555파운드, TSFC0.66에서 연료유량 FF 및 항속률 SR은 다음과 같다.

$$FF = 0.66 \times 36{,}555 \fallingdotseq 24{,}126$$

$$SR = \frac{462}{24{,}126} \fallingdotseq 0.0191$$

마하 0.835(TAS486)에서의 필요추력 37,208파운드, TSFC0.67에서 연료유량 FF 및 항속률 SR은 다음과 같다.

$$FF = 0.67 \times 37{,}208 \fallingdotseq 24{,}929$$

$$SR = \frac{486}{24{,}929} \fallingdotseq 0.0195$$

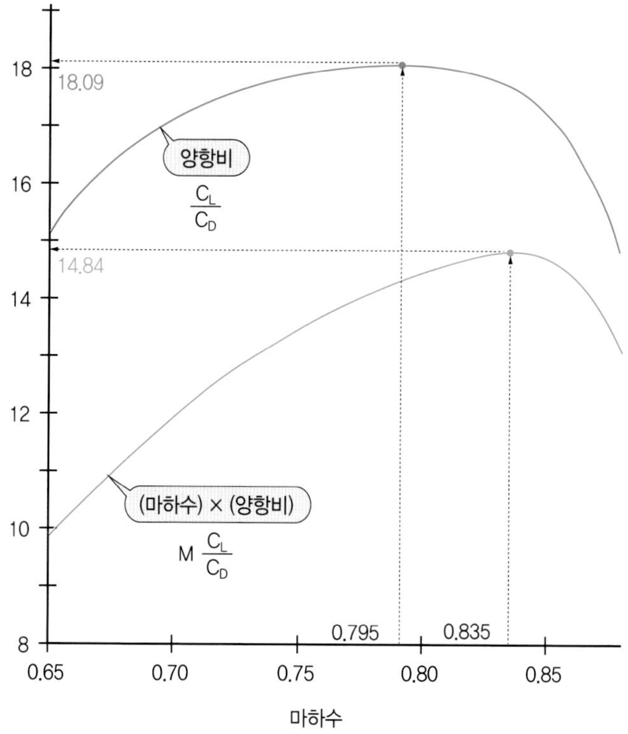

순항방식

순항속도는 비행 목적에 맞춘다

최대의 항속률을 얻을 수 있는 속도에서 순항하는 방식을 최대항속거리순항(MRC, maximum range cruise)이라고 한다. 그러나 장거리순항은 비교적 속도가 느리므로 항속률을 다소 희생해서라도 속도를 우선하는 방식, 구체적으로는 최대 항속률의 99%의 항속률을 얻을 수 있는 속도로 순항하는 방식으로서 장거리순항(LRC, long range cruise)이 있다. 또한 이렇게 항속률을 중시한 MRC나 LRC에 비해, 비행시간의 단축을 목적으로 해서 빠른 속도나 큰 마하수를 일정하게 유지해서 순항하는 고속순항(HSC, high speed cruise)도 있다.

여기에서 주의해야 할 것은 항속률은 진대기속도를 기준으로 한 것이므로 지상에 대한 거리가 아니라 공기에 대한 거리(공중마일air mile)이다. 지상거리에 대한 항속률 G는 다음과 같다.

(항속률 G) = (항속률) × (대지속도: TAS ± 풍속)/(TAS)

역풍은 대지속도가 (TAS – 풍속)이라서 느리므로 항속률은 작아진다. 순풍은 대지속도가 (TAS + 풍속)으로 빨라지므로 항속률은 커진다. 그러므로 역풍일 때는 속도를 빠르게 해서 항속률과 비행시간을 확보할 수 있는 속도를 설정하고, 순풍일 때 대지속도가 빨라지면 비행속도를 느리게 해서 항속률이 커지는 속도를 설정하는 편이 경제적이다.

경제성을 고려한 속도로 비행하는 순항방식을 경제순항(ECON cruise)이라고 한다. 이 방식은 항속률을 중시해서 연료비를 아낄 수 있을 뿐 아니라, 시간 비용을 중시해서 속도를 빠르게 설정하는 등 인건비, 정비비, 주기비 등의 운항 비용까지 고려한 순항방식이다.

순항방식

최대항속거리순항(MRC): 최대 항속률을 얻을 수 있는 속도로 순항
장거리순항(LRC): 최대 항속률 × 99 %의 항속률을 얻을 수 있는 속도로 순항
고속순항(HSC): 고속을 유지하며 순항
경제순항(ECON): 바람이나 운항 비용을 고려한 속도로 순항

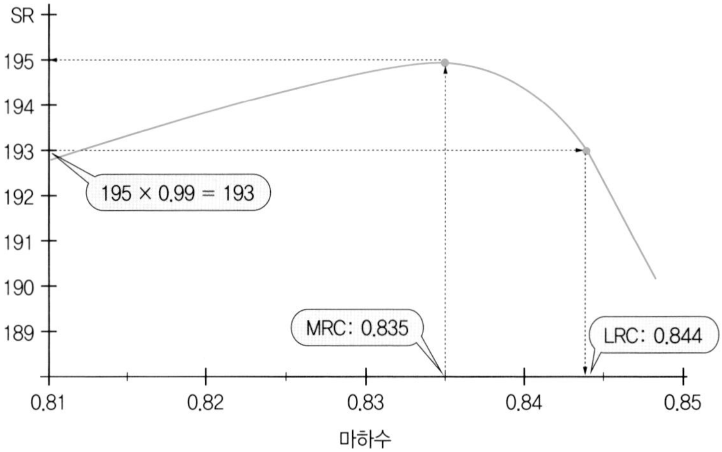

항속률과 바람

역풍 100 kts의 경우	순풍 100 kts의 경우
0.835의 항속률 SR $\frac{486-100}{486} \times 195 ≒ 155$ 0.844의 항속률 SR $\frac{491-100}{491} \times 193 ≒ 154$ 역풍이 강해질수록 항속률의 차가 작아지므로 비행속도를 빠르게 하는 편이 유리하다.	0.835의 항속률 SR $\frac{486+100}{486} \times 195 ≒ 235$ 0.844의 항속률 SR $\frac{491+100}{491} \times 193 ≒ 232$ 순풍이 강해질수록 항속률의 차가 커지므로 비행속도를 느리게 하는 편이 유리하다.

최적고도

최대의 항속률을 얻을 수 있는 고도

일반적으로 모든 항공기는 순항고도가 높을수록 연비가 좋아지는 경향이 있다. 그 이유는 고도가 높아지면서 공기밀도가 낮아지므로, 그에 비례하는 항력도 작아지고 연료소비가 적어지기 때문이다. 다만, 고도가 높을수록 무조건 연비가 좋아지는 것은 아니다.

양력계수와 항력계수의 관계는 양항곡선(drag polar) 그래프로 나타낼 수 있다. 양력계수는 68쪽에서처럼 계산해서 산출하고, 양력계수에 대한 항력계수의 크기는 양항곡선으로 얻을 수 있다. 다음 페이지의 양항곡선의 예는 고도에 관계없이 마하 0.84를 유지해서 비행했을 경우 양력계수와 항력계수의 관계를 나타낸 것이다.

이 그래프에서 알 수 있는 사실은 양력계수가 0.5 이상이 되면 항력계수가 급증한다는 점이다. 이는 고도가 높아지고 공기가 희박해지면 양력계수를 키우기 위해 날개의 받음각을 증가시킴으로써, 다시 말해 기수를 서서히 올림으로써 항공기를 지탱하는데, 일정 고도 이상이 되면 항력이 급증하는 비행자세가 된다는 의미다. 반대로 말하면, 항력의 급증을 억제해서 효율적으로 양력을 유지할 수 있는 비행자세가 되는 고도가 존재한다고 할 수 있다. 그 고도가 (마하수) × (양항비)가 최대, 즉 항속률이 최대가 되는 고도다. 이를 최적고도라고 한다.

다음 페이지의 예에서는 비행중량 300톤, 비행마하수 0.84로 비행하는 경우의 최적고도는 항력이 급증하기 직전의 고도다. 양항비가 17.64이므로, 항속률이 14.82가 되는 고도 약 10,400 m(34,000 ft)가 최적고도다.

최적고도

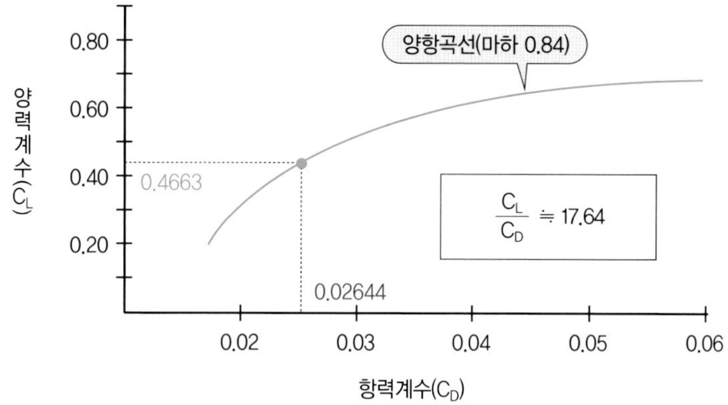

양향곡선(마하 0.84)
0.80
0.60
0.40
0.20
양력계수(C_L)
0.4663
$\frac{C_L}{C_D} \fallingdotseq 17.64$
0.02644
0.02
0.03
0.04
0.05
0.06
항력계수(C_D)

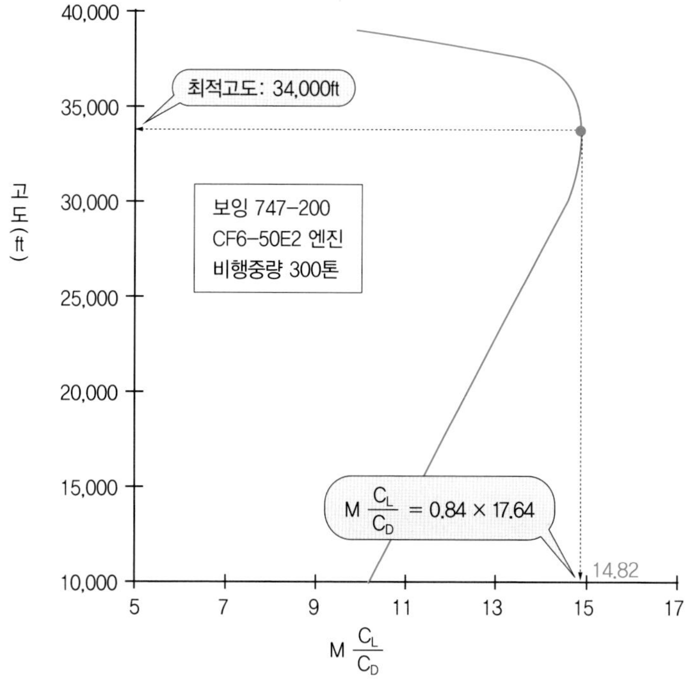

40,000
최적고도: 34,000ft
35,000
30,000
25,000
20,000
15,000
10,000
고도(ft)
보잉 747-200
CF6-50E2 엔진
비행중량 300톤
$M\frac{C_L}{C_D} = 0.84 \times 17.64$
14.82
5
7
9
11
13
15
17
$M\frac{C_L}{C_D}$

선회반경

선회 시 힘의 균형

항공기가 비행하는 방향을 바꾸는 것을 선회라고 한다. 선회 중에 작용하는 힘을 알아보자.

항공기가 방향을 바꿀 때는 원을 그리기 때문에 선회는 원운동의 일부라고 생각할 수 있다. 방향을 바꾸는 힘이 항상 작용하기 때문에 원둘레를 따라 비행할 수 있다. 이 힘이 비행 방향에 대해 직각, 즉 원의 중심을 향하는 힘인 구심력이다. 따라서 선회하려면 항공기 자체가 구심력을 만들어야 한다. 그러나 방향타로는 구심력을 만들 수 없고 경사를 취함으로써 양력의 수평 성분력이 구심력이 된다. 따라서 방향타로는 방향을 바꾸지 못한다는 사실을 알 수 있다. 또한 기체가 기울어진 상태에서 수평으로 되돌아가려는 복원력이 없는 횡운동에서는 종운동이나 편운동 같은 안정성이 없다는 것도 선회를 쉽게 만든다.

한편, 조종석의 조종사는 원 바깥쪽으로 끌어당기는 힘을 느낀다. 이 관성력을 원심력이라고 한다. 원심력은 작용하는 방향이 구심력과 반대이지만 크기는 동일하다. 이 구심력과 원심력이 균형을 이루면 기체가 기울어진 상태를 유지하며 안정된 선회를 할 수 있다.

이처럼 항공기에 작용하는 무게중심 주위의 힘이 균형을 이루어 선회하는 것을 정상선회라고 한다.

정상선회에서의 선회반경은 구심력과 원심력이 균형을 이루기 때문에 그림과 같은 식이 된다. 비행속도가 빠를수록 또는 경사가 얕을수록 선회반경은 커진다. 비행속도가 느릴수록 또는 경사가 깊을수록 선회반경은 작아진다.

선회반경

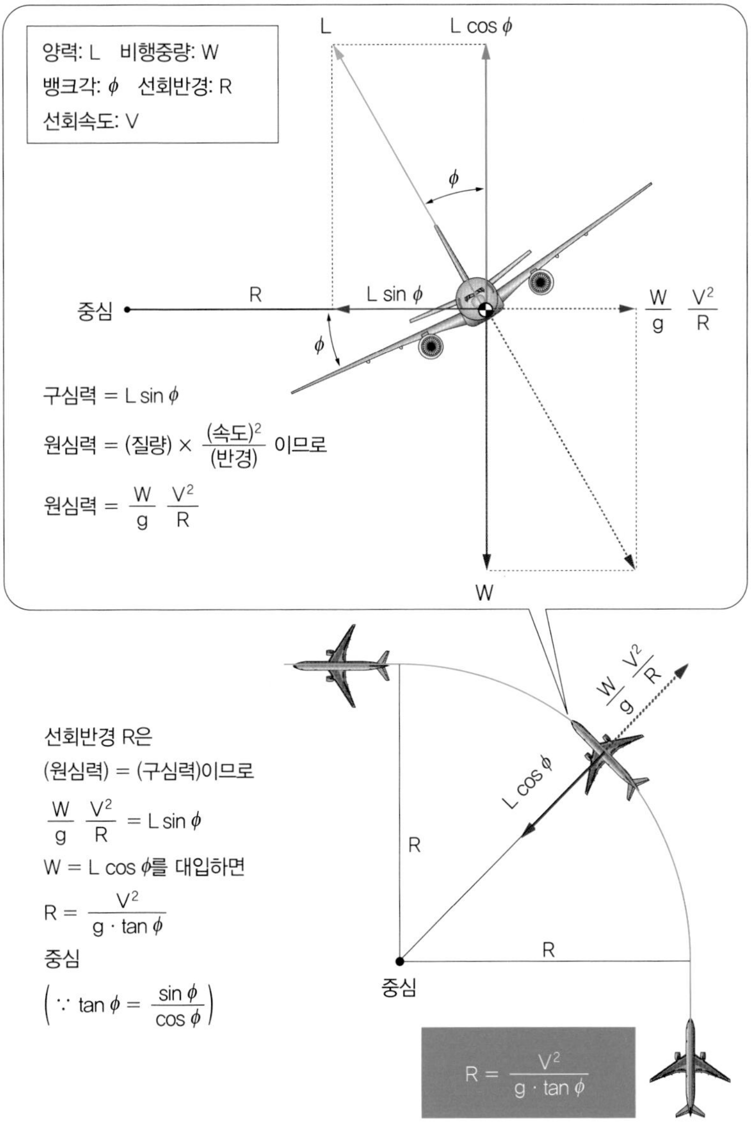

양력: L 비행중량: W
뱅크각: ϕ 선회반경: R
선회속도: V
L
L cos ϕ
ϕ
중심
R
L sin ϕ
$\frac{W}{g}\frac{V^2}{R}$
ϕ
구심력 = L sin ϕ
원심력 = (질량) × $\frac{(속도)^2}{(반경)}$ 이므로
원심력 = $\frac{W}{g}\frac{V^2}{R}$
W
$\frac{W}{g}\frac{V^2}{R}$
L cos ϕ
선회반경 R은
(원심력) = (구심력)이므로
$\frac{W}{g}\frac{V^2}{R}$ = L sin ϕ
W = L cos ϕ를 대입하면
R = $\frac{V^2}{g \cdot \tan\phi}$
중심
$\left(\because \tan\phi = \frac{\sin\phi}{\cos\phi}\right)$
R
R
중심
R = $\frac{V^2}{g \cdot \tan\phi}$

하중배수

선회하면 체중이 늘어난다

비행속도 250노트(463 km/h)에서의 선회반경은 약 1.6마일(약 2,940 m)이다. 이처럼 큰 원을 그리며 선회하면 항공기 내에서는 좌석으로 누르는 힘이 작용한다. 원심력 중력의 합에 의해 항공기의 하중이 커지기 때문이다. 이 하중이 실제 무게의 몇 배인지 정확히 알려면, 항공기가 선회 운동을 할 때 작용하는 하중과 항공기 무게의 비율인 운동하중배수를 알아야 한다. 선회나 착륙 등 조종사가 항공기를 운동시킴으로써 생기는 하중 외에도 돌풍 등에 의해 조종사의 의도와 달리 양력이 급변함으로써 작용하는 돌풍하중도 있다.

수평직진비행에서는 L = W이므로 하중배수는 1.0에서 1 g 비행을 한다. 그러나 경사각 30°로 선회하면 하중배수는 약 1.15가 되기 때문에 체중 60 kg인 사람은 하중이 60 × 1.15 = 69 kg이 된다. 따라서 좌석으로 눌리는 힘을 느낄 수 있다. 또한 비행중량 250톤일 때는 하중이 288.7톤이며, 그 무게를 지탱하는 양력도 같은 크기가 된다. 그만큼 항공기에 큰 하중이 작용하므로, 특히 날개 접합부의 강도가 중요하다.

60°의 경사에서는 하중배수가 2.0이 된다. 제트 여객기의 최대 하중배수는 2.5이므로 60°의 선회는 불가능하지 않다. 다만, 승객이 2.0 g에 견디는 것은 힘들지도 모른다. 실제로 45° 경사 선회 중에는 팔을 올리는 데도 꽤 큰 힘이 필요하다. 그리고 곡예비행이 가능한 항공기의 경우, 60° 경사를 넘는 선회가 가능한데, 최대 6.0 g에 견딜 수 있는 강도여야 한다.

하중배수

비행속도: 250 kts(129 m/s)라고 하면

선회반경 R은

$$R = \frac{129 \times 129}{9.8 \times \tan 30^\circ} \fallingdotseq 2,940\ \text{m}$$

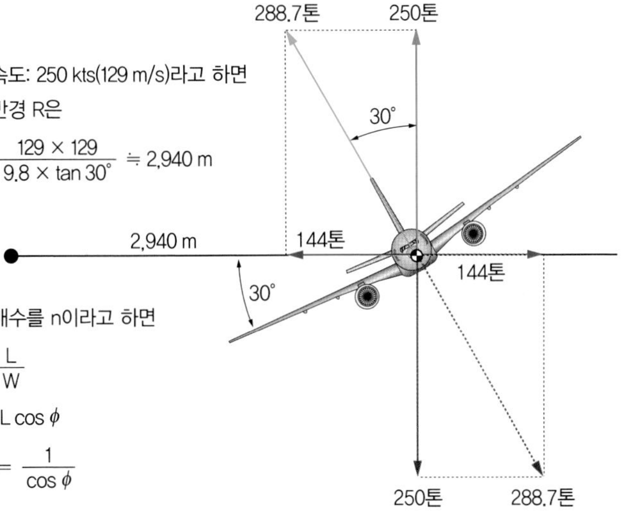

하중배수를 n이라고 하면

$$n = \frac{L}{W}$$

$$W = L\cos\phi$$

$$\therefore n = \frac{1}{\cos\phi}$$

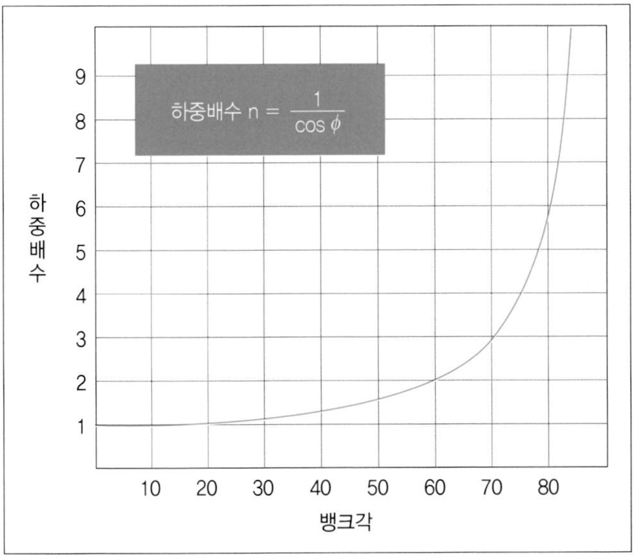

강하

강하 중 힘의 균형

강하 중 힘의 관계는 상승률의 식에서 추력과 항력이 반대가 될 뿐이다. 또한 강하 중의 추력은 최대 상승추력 대신에 최소 추력인 아이들(idle)이다. 제트 엔진의 아이들 회전에서는 분사속도보다 비행속도가 빨라지므로 순추력으로서는 마이너스 값이 되며, 비탈길을 내려가는 자동차의 엔진 브레이크 같은 역할을 한다.

항공기를 전진시키는 힘(추력)은 기수를 내리는 자세에서 발생하는 항공기 무게의 성분력이다. 예를 들어, 비행중량 250톤의 경우 기수를 내리는 자세가 3°라면 250 × sin3° ≒ 13톤의 힘이 발생한다. 이 성분력이 항력과 동일해지면 강하를 시작한다. 그리고 상승할 때와 마찬가지로 속도계의 지시대기속도(CAS)를 일정하게 유지하며 강하하므로, 고도가 떨어질수록 진대기속도(TAS)가 작아지고, 감속하면서 강하하게 된다. 따라서 고도가 낮아질수록 강하율은 작아진다. 이 강하율의 식에서 알 수 있는 것은 다음과 같다.

- 강하 각도가 크면 강하율은 커진다.
- 항력이 크면 강하율이 커진다.
- 비행속도가 빠르면 강하율이 커진다.

그리고 비행중량이 무거우면 상승률이 작아지는 것처럼 비행중량이 무거우면 강하율은 작아진다. 즉 항공기가 무거울수록 천천히 강하한다. 왜 그런지는 다음 항목에서 설명한다.

강하 중 힘의 균형

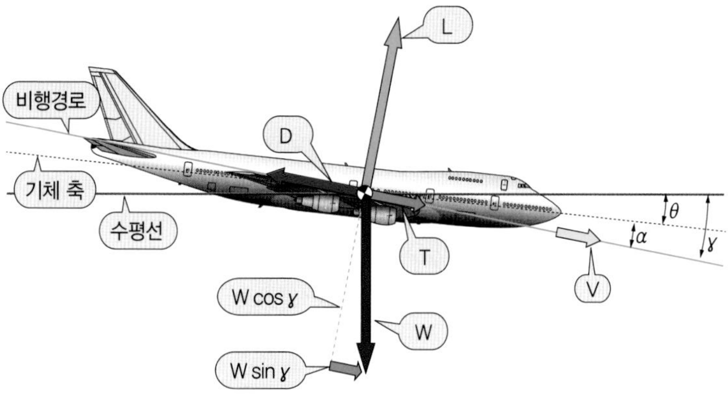

비행경로 위를 강하하기 위한 엔진 추력(T)

비행경로와는 반대 방향으로 작용하는 공기의 저항력인 항력(D)

기수를 내리는 자세에서 생긴 무게의 성분력(W sin γ)

이들 힘의 균형(항력) = (추력의 합계)이므로,

$$D = T + W\sin\gamma$$

따라서

$$\sin\gamma = \frac{D - T}{W}$$

강하율을 R/D라고 하면

$$R/D = V\sin\gamma$$

따라서

$$R/D = \frac{D - T}{W}V$$

상승할 때와 마찬가지로 가속계수 AF를 고려한 강하율은 다음과 같다.

$$R/D = \frac{(D - T)V}{W(1 + AF)}$$

활공

활공비와 강하율

엔진추력 없이 강하하는 활공상태에서의 수평이동거리를 나타내는 활공비는 다음과 같다.

(활공비) = (비행한 수평거리)/(강하한 고도)

예를 들어, 활공비가 50이라면 100 m 강하하는 사이에 5,000 m 나아갈 수 있다는 의미다. 그리고 다음 페이지에 나오는 그림처럼 활공비는 양항비와 같으므로, 양항비가 최대가 되는 속도로 강하하면 활공비도 최대가 되고, 강하각이나 강하율은 최소가 된다.

항공기별 활공비는 글라이더: 30~50, 제트 수송기: 17~20, 프로펠러기: 8~15다. 그리고 양항비가 최대가 되는 속도를 지시대기속도(CAS)로 나타내면 동압(즉, 항력)은 일정해지므로 어느 고도에서라도 똑같은 속도가 된다. 예를 들어, 양항비가 최대가 되는 속도가 240 CAS라면 어느 고도에서든지 대기속도계가 240을 지시할 때 양항비가 최대가 된다.

다음 페이지의 그래프는 강하율과 강하속도(TAS)의 관계를 나타낸 것이다. 비행속도 0인 원점에서 이은 선과 강하율의 곡선이 접하는 점이 최대 양항비가 되는 속도이며, 이 접선과 속도 축이 이루는 각도가 최소 강하각이 된다. 이 그래프에서 알 수 있는 것은 다음과 같다.

- 비행중량에 관계없이 최소 강하각의 크기는 동일하다.
  (추력을 고려한 경우에도 거의 마찬가지)
- 비행중량이 늘어나면 최소 강하각을 얻을 수 있는 속도는 빨라진다.
- 최대 양항비속도 이상에서는 강하속도가 빨라지면 강하율은 커진다.
- 최대 양항비속도 이상에서는 비행중량이 무거울수록 강하율은 작다.

활공비와 강하율

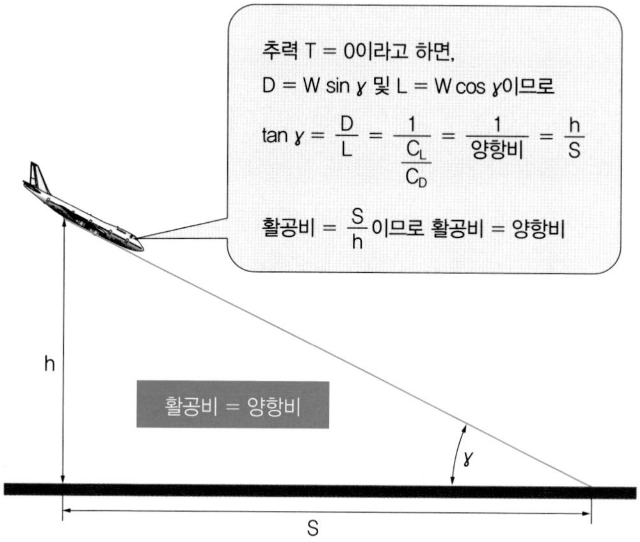

추력 T = 0이라고 하면,
$D = W \sin \gamma$ 및 $L = W \cos \gamma$이므로
$\tan \gamma = \frac{D}{L} = \frac{1}{\frac{C_L}{C_D}} = \frac{1}{\text{양항비}} = \frac{h}{S}$
활공비 = $\frac{S}{h}$이므로 활공비 = 양항비
h
활공비 = 양항비
γ
S

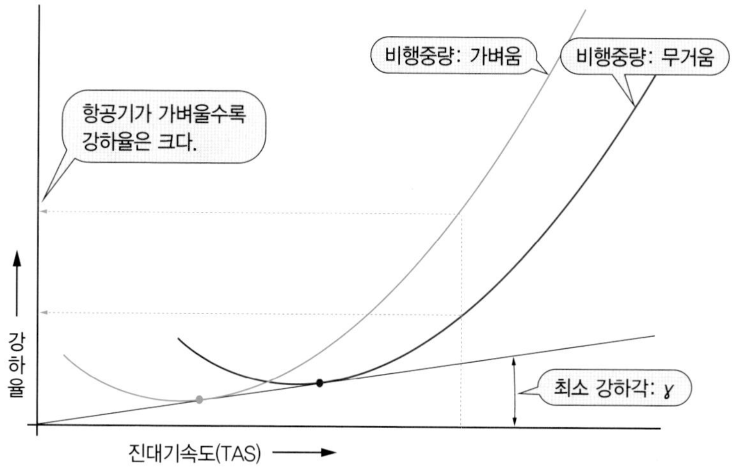

비행중량: 가벼움
비행중량: 무거움
항공기가 가벼울수록
강하율은 크다.
강하율
최소 강하각: γ
진대기속도(TAS)

강하율과 비행중량

무거울수록 천천히 강하하는 실제 예

다음 페이지의 표는 비행중량이 다른 경우에 같은 고도에서 같은 속도로 강하할 때 강하율의 차이를 비교한 것이다. 비행중량은 550,000파운드(250톤)와 500,000파운드(227톤), 강하 방식은 모두 0.80 M/280 CAS/250 CAS다. 상승 시의 예인 192쪽 내용과는 고도가 반대일 뿐, 진대기속도나 가속계수의 변화는 동일하므로 생략한다.

이 표에서 알 수 있는 것은 항공기가 무거우면 강하율은 작아진다는 것이다. 비행중량이 무거워지면 그 무게를 지탱하기 위해 양력계수를 늘려야 한다. 그 결과, 항력도 커지므로 강하율은 커진다고 생각할 수 있다. 그러나 양항비를 비교해보면, 29,000 ft에서 각각의 양항비는 다음과 같다.

(55만 파운드의 양항비) = 550,000/30,408 ≒ 18.1

(50만 파운드의 양항비) = 500,000/28,415 ≒ 17.6

무거운 쪽의 양항비가 크다는 점을 알 수 있다(다른 고도에서도 마찬가지).

양항비가 크면 강하각 및 강하율은 작아진다. 여기에서의 예처럼 비행중량이 무거운 쪽이 양항비는 크므로 항공기가 무거울수록 천천히 강하한다는 사실을 알 수 있다. 다만, 양항비가 최대가 되는 속도, 즉 최소 항력속도 이하에서는 비행중량이 무거운 쪽이 강하율은 커진다. 하지만 최소 항력속도 이하는 백사이드(backside)라는 불안정한 속도영역이므로, 보통은 그런 속도로 강하하지 않는다.

실제 운항에서도 항공기가 무거우면 강하 시작이 빠르다. 다시 말해, 무거울수록 강하개시 지점(TOD, top of descent)은 목적지 공항에서 멀다.

강하율과 비행중량

CAS: 교정지시대기속도　M: 마하수　T: 아이들 추력(lbs)
D: 항력(lbs)　R/D: 강하율(ft/m)　γ: 강하각(°)

비행중량				550,000 lbs			500,000 lbs		
고도(ft)	CAS	M	T	D	R/D	γ	D	R/D	γ
39,000	232	0.80	−843	33,381	2,891	3.5	28,558	2,732	3.4
37,000	254	0.80	−1,207	30,588	2,686	3.3	27,571	2,674	3.3
35,000	272	0.80	−1,600	30,301	2,961	3.6	27,955	3,017	3.7
33,000	280	0.79	−1,795	30,545	2,108	2.6	28,403	2,165	2.7
31,000	280	0.76	−1,891	30,470	2,075	2.6	28,408	2,137	2.7
29,000	280	0.73	−1,954	30,408	2,040	2.7	28,415	2,106	2.8
27,000	280	0.70	−1,993	30,391	2,006	2.7	28,441	2,073	2.8
25,000	280	0.67	−2,016	30,382	1,970	2.8	28,466	2,039	2.9
23,000	280	0.65	−2,094	30,380	1,939	2.8	28,485	2,008	2.9
21,000	280	0.62	−2,192	30,398	1,909	2.8	28,501	1,978	2.9
19,000	280	0.60	−2,240	30,412	1,876	2.9	28,512	1,943	3.0
17,000	280	0.58	−2,210	30,426	1,838	2.9	28,526	1,904	3.0
15,000	280	0.56	−2,153	30,437	1,798	2.9	28,537	1,863	3.0
13,000	280	0.53	−2,089	30,445	1,759	3.0	28,546	1,822	3.1
11,000	280	0.52	−2,042	30,451	1,720	3.0	28,556	1,782	3.1
9,000	250	0.44	−1,308	29,553	1,462	2.9	26,933	1,472	2.9
7,000	250	0.43	−1,086	29,563	1,420	2.9	26,934	1,428	2.9
5,000	250	0.41	−825	29,568	1,376	2.9	26,932	1,382	2.9
3,000	250	0.40	—	—	—	—	—	—	—

같은 고도에서 같은 속도로 강하한 경우, 비행중량에 따른 비교.

착륙진입

강하나 활공과는 다르다

착륙을 위한 진입은 활주로를 향하는 강하 개시점부터 착륙면 위 15 m 높이에 도달할 때까지의 과정을 말한다. 활주로를 향하는 강하각은 3° 또는 2.5°로 정해져 있다. 따라서 강하율 또는 침하율(sink rate)은 항공기의 종류나 무게에 관계없이 진입속도만으로 정해진다.

진입속도는 착륙면 위 15 m 높이를 통과할 때의 참조착륙속도 V_{REF}가 기준이 된다. 참조착륙속도 V_{REF}는 플랩 착륙위치, 착륙장치를 내린 착륙형태에서의 실속, 운동성, 조종성에 대해 여유 있는 속도(CAS)다. 따라서 비행중량이 무거우면 실속속도도 빨라지므로 V_{REF}는 빨라진다. 그러므로 항공기가 무거울수록 강하율은 커진다.

플랩 착륙위치, 착륙장치를 내린 착륙형태에서의 항력은 크다. 실제 예가 다음 페이지의 그림에서, 순항 시 항력 16.8톤에 비해 두 배 가까운 30톤이다. 그러나 순추력은 30톤이나 필요 없다. 그림처럼 3°의 강하각 덕분에 비행중량의 성분력 13톤의 힘이 발생하기 때문에, 필요추력 30톤에 비해 순추력은 17톤이고, 순항 중의 추력과 거의 동일한 크기다.

또한 진입 강하 중의 자세로서는 그림처럼 수평선에 대해 기수를 올리는 자세를 취한다. 이는 플랩을 내리면 공기력 중심이 전방으로 이동하고, 느린 속도에서 양력을 얻기 위해 받음각을 증가시켜야 하기 때문이다. 그리고 후퇴각 없이 저속으로도 커다란 양력을 얻을 수 있는 프로펠러기는 제트기만큼 커다란 받음각을 취할 필요는 없다.

착륙진입

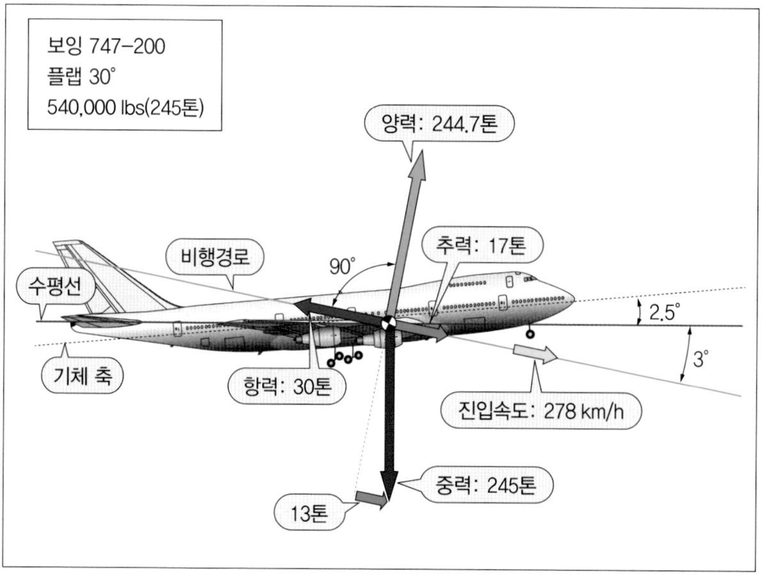

진입강하 중 힘의 균형은

$$D = T + W \sin \gamma$$

(항력: 30톤) = (추력: 17톤) + (중력의 성분력: 13톤)

진입강하 중의 강하율(또는 침하율) SR은

$$SR = V \sin \gamma$$

진입속도 278 km/h(150노트)를 환산한 4,633 m/분을 대입

SR = 진입속도 × sin 3°

≒ 4,633 × 0.0523

≒ 242 m/분(795 ft/분)

플레어

착륙 시의 G와 접지까지의 거리

착륙이란, 착륙면(착륙지점: landing point) 위 15 m(50 ft) 높이의 지점부터 접지해서 완전히 정지할 때까지의 일련의 과정을 말한다. 이륙 시에는 항공기의 종류별로 기준 높이가 15 m와 10.7 m로 달랐지만, 착륙 시에는 모든 항공기의 기준 높이가 15 m로 동일하다. 일반적으로는 활주로를 효과적으로 사용하기 위해 착륙면은 활주로 끝이 된다. 활주로 끝을 높이 15 m로 통과하고 접지할 때까지의 수평거리를 구해보자.

활주로에 접지할 때는 3°의 강하각을 0°로 만들어야 한다. 접지할 때의 충격을 줄이기 위해 되도록이면 강하율을 줄여야 한다. 따라서 접지 직전에 기수를 살짝 올리는 플레어(flare) 조작을 해야 한다. 양력을 비행중량보다 약간 키워 접지충격을 완화하기 위한 것이다. 접지 직전이 되면 활주로면의 영향에 의해 양력이 커지면서 항력이 급감하는 것에 대응할 뿐 아니라, 수평꼬리날개의 양력 증가에 의해 기수가 내려가는 모멘트가 작용하는 지면효과(ground effect) 현상에도 대응하는 조작이다.

플레어 조작 중에 원호를 그리는 비행경로에 대해 직각으로 작용하는 힘을 F라고 하면 다음과 같은 식이 성립한다.

$$F = (\text{커진 양력}) - (\text{비행중량})$$

그리고 그때의 하중 배수 n은 다음과 같다.

$$n = (\text{커진 양력})/(\text{비행중량})$$

따라서

$$F = (\text{비행중량}) \times (n - 1)$$

이 된다. 그리고 통상적인 착륙 시의 하중 배수(g)는 n = 1.2 g정도이다.

플레어

진자처럼 원호를 그리는 비행경로에 수직으로 작용하는 힘을 F라고 하면,

$$F = W(n-1) = \frac{W}{g}\frac{V^2}{R} \text{ 이므로}$$

$$R = \frac{V^2}{g(n-1)}$$

진입속도 V = 278 km/h(77 m/s), 접지 하중 n = 1.2를 대입하면,

$$R = \frac{77^2}{9.8(1.2-1)}$$

$$= 3{,}025 \text{ m}$$

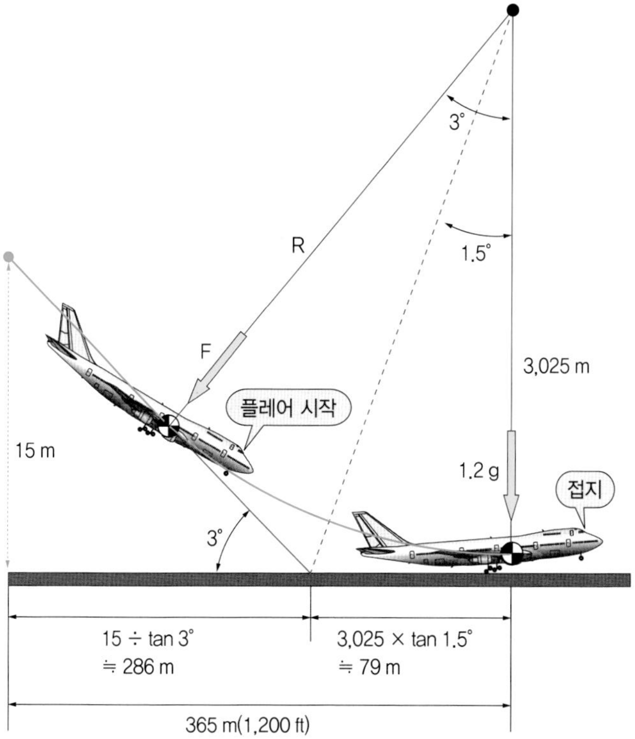

식을 살펴보면, 접지 시의 g가 크면 착륙거리가 짧아진다는 사실을 알 수 있다.

착륙거리

활주로의 60% 이내에서 정지해야 한다

착륙거리란, 착륙면 위 15 m(50 ft) 높이의 지점부터 접지해서 완전히 정지할 때까지의 수평거리를 말한다. 항공운송사업자(항공사)가 비행을 설계할 때는 그 항공기가 목적지 공항 활주로 길이의 60%(프로펠러기의 경우, 대체 공항에서는 70%) 이내에서 완전히 정지할 수 있는지를 확인해야 한다. 이렇게 요구되는 착륙거리를 필요착륙 활주거리라고 하며, 실제 착륙거리의 1.67배(0.6으로 나눈 값)다.

이륙거리와 착륙거리는 '내공성 심사요령'에 의한 성능상의 요구이며, 필요착륙 활주거리는 운항 관련 업무의 실시 기준을 정한 '운항규정 심사요령 세목'에 의한 운항상의 요구라는 점에 주의해야 한다.

착륙거리를 짧게 하려면 가능한 한 감속해서 활주로 끝을 높이 15 m로 통과하고, 접지하면 바로 감속률을 늘려야 한다. 그러기 위해서는 마찰계수와 항력을 키우고, 양력과 추력을 줄여야 한다.

즉, 접지하는 동시에 스피드 브레이크를 올린다. 이는 항력을 키우는 동시에 양력을 감소시켜서 항공기의 무게를 날개에서 랜딩기어로 옮김으로써 랜딩기어 브레이크 효과를 얻기 위함이다. 따라서 접지 직후의 속도가 빨라야 오히려 항력증가와 양력감소 효과가 크다고 할 수 있다. 랜딩기어 브레이크 효과를 높이려면 활주로면의 마찰계수가 커야 한다. 추력은 아이들이더라도 앞으로 나아가는 힘이 있기 때문에 역분사 장치에 의해 추력을 0(리버스 아이들reverse idle)으로 만드는 것만으로도 효과가 있다. 역분사의 출력을 늘리면 마찰계수에 의존하지 않는 제동 효과를 기대할 수 있다.

착륙거리

비행중량: W 양력: L 추력: T 항력: D 가속도: α 날개면적: S

마찰계수: μ 중력가속도: g 활주로 경사: ϕ

$$(\text{항공기를 멈추는 힘}) = \frac{W}{g}\alpha$$

$$-\frac{W}{g}\alpha = D + \mu(W - L) + \phi W - T$$

$$-\alpha = \frac{g}{W}\{D + \mu(W - L) + \phi W - T\}$$

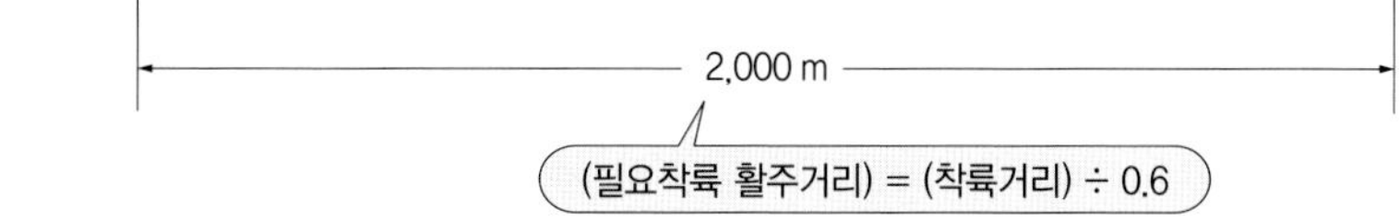

(필요착륙 활주거리) = (착륙거리) ÷ 0.6

참고문헌

일본 국토교통성 항공국 감수, 『내공성 심사 요령(耐空性審査要領)』(2012년)

『항공 기술 용어 사전(航空技術用語辞典)』(일본 항공 기술 협회)

히라 지로 저, 『비행의 이론(飛行の理論)』(이와나미쇼텐, 1956년)

히라 지로 저, 『고속 비행의 이론(高速飛行の理論)』(히로카와쇼텐, 1977년)

『항공역학 Ⅰ(航空力学Ⅰ)』(일본 항공 기술 협회)

『항공역학 Ⅱ(航空力学Ⅱ)』(일본 항공 기술 협회)

John D. Anderson Jr. 저, 『공기역학의 역사(空気力学の歴史)』(도쿄대학교 학술출판회, 2009년)

John D. Anderson Jr. 저, 『비행기 기술의 역사(飛行機技術の歴史)』(도쿄대학교 학술출판회, 2013년)

THE U.S. GOVERMENT PRINTING OFFICE, *Code of Federal Regulations 14CFR PART 25&121*

R. V. DAVIES, *The AIRCRAFT PERFORMANCE REQUIREMENTS MANUAL*

John D. Anderson Jr., *Introduction to FLIGHT*

H. C. "Skip" Smith, *THE ILLUSTRATED GUIDE TO AERODYNAMICS 2ND EDITION*

알기 쉬운 항공역학

지은이 | 나카무라 간지
옮긴이 | 권재상
펴낸이 | 조승식
펴낸곳 | (주)도서출판 북스힐

등록 | 제22-457호(1998년 7월 28일)
주소 | 01043 서울 강북구 한천로 153길 17
홈페이지 | www.bookshill.com
전자우편 | bookshill@bookshill.com
전화 | 02-994-0071
팩스 | 02-994-0073

2017년 1월 20일 1판 1쇄 발행
2020년 11월 10일 1판 3쇄 발행

값 12,000원
ISBN 979-11-5971-027-8
978-89-5526-729-7(세트)